花椒
良种丰产栽培技术

王华田　张春梅　编著

U0381015

中国农业出版社

北 京

编写人员名单

（按姓名笔画排序）

王延平（山东农业大学）

王华田（山东农业大学）

王　倩（山东农业大学）

韦　业（山东农业大学）

孔令刚（济南市林业科技推广站）

刘胜元（山东农业大学）

张志浩（山东农业大学）

张明忠（山东农业大学）

张春梅（山东农业大学）

战中才（泰山科学技术研究院）

姚俊修（山东省林业科学研究院）

前言

　　花椒是原产我国的重要调料、香料、油料、木本蔬菜和木本中药材树种，具有悠久的栽培利用历史。花椒具有很强的抗旱耐瘠薄能力，是土层浅薄、灌溉条件薄弱的广大山丘区重要的生态绿化树种。

　　花椒广泛分布于黄河流域及西南诸省，全国花椒总面积已达 2 500 多万亩，年产干椒约 35 万 t，产值 300 多亿元，形成了以陕西韩城、凤县，甘肃武都、秦安、周曲，四川汉源、茂县、西昌，贵州水城、关岭，山东莱芜、山亭，河北涉县，重庆江津，山西芮城等地为集中规模栽培的我国传统花椒主产区。

　　山东省是我国花椒主产区之一，栽培历史达 1 600 年以上，集中分布在鲁中南丘陵区，以济南市的莱芜、钢城、历城、章丘，淄博市的沂源、淄川，泰安市的新泰、肥城，临沂市的蒙阴、沂水，枣庄市的山亭，济宁市的邹城等县（市、区）为主产区，全省现有花椒栽培面积约 50 万亩，常年椒皮产量约 3.5 万 t。

　　鉴于花椒巨大的经济效益和生态价值，为帮助广大椒农学习和了解花椒良种和栽培技术，我们编著了《花

1

椒良种丰产栽培技术》，以指导花椒产区广大椒农提高花椒产量和品质，增加经济收入，促进山区群众脱贫致富。由于时间仓促，书中错误在所难免，请广大读者提出宝贵意见。

编著者

2020 年 5 月 12 日

目录

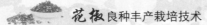

一、花椒栽培历史及利用价值

（一）我国花椒栽培利用历史

花椒（*Zanthoxylum bungeanum* Maxim.），古名椒、椒聊等，为芸香科花椒属小乔木或灌木。花椒果皮名椒红，种子名椒目，是原产我国的重要调料、香料、油料和木本蔬菜树种。我国栽培花椒的中心起源于黄河中游的渭南和陇南地区，后在黄河中下游地区和西南地区广泛引种栽培，并逐步扩展至华北、华中、华东和西南地区。因椒皮红色，密生粒状突出的腺点，犹如细斑，花椒之名由此而来。

我国花椒作为香料和调料树种栽培和利用历史悠久。早在2 600年之前的春秋时期，人们就开始利用花椒，把花椒当作敬神的香物、吉祥喜庆之物和待客美酒美食和香茗。《诗经》中有诗句："有椒其馨""椒聊之实，繁衍盈升""谷旦于逝，越以鬷迈。视尔如荍，贻我握椒。"战国时期，大诗人屈原在《离骚》中记有："巫咸将夕降兮，怀椒糈而要之"；在《九歌》中记有："奠桂酒兮椒浆"和"播芳椒兮盛堂。"汉代崔寔以《四民月令》载："过腊一日，谓之小岁，拜贺君亲，进椒酒，从小起。"汉代后宫大兴椒房之事，嫔妃公主纷纷以椒籽和泥涂墙，取其香怡温馨、子嗣繁衍之意，如在《汉宫仪》中所记："皇后以椒涂壁，称椒房，取其温也。"三国时代陆玑《毛诗草木疏》记有："椒聊之实……蜀人作茶、吴人作茗，皆合煮叶以为香。"宋代诗人范成大在《癸己无日》诗中写道："西地东风劝椒酒，山头今日是春台。"明代和尚宗林《花椒》诗云："欣欣笑口向西风，喷出玄珠颗颗同；采处倒含秋露白，晒时

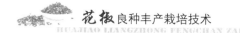

娇映夕阳红。调浆美著《骚经》上，涂壁香凝汉殿中；鼎铼也应加此味，莫教姜桂独成功。"上半首写花椒树结实情况，下半首是赞美花椒的香气，一是可以涂在皇室后宫的壁上，二是作调料能与生姜、肉桂媲美。

由于花椒作调料能增添菜肴的醇香，去腥增鲜，使菜肴味道格外香美，自古至今，花椒与我国人民的生活一直紧密联系。陆玑的《毛诗草木疏》记有："今成皋诸山间有椒，谓之竹叶椒，其状亦如蜀椒，少毒热，不中合药也。可著饮食中，又用烝鸡、豚，最佳香。"将花椒叶、实作为不可替代的调味品，还见于北魏时期的《齐民要术》："其叶及青摘取，可以为菹，干而末之，亦足充事。"明代《救荒本草》："采嫩叶煤熟，换水浸淘净，油盐调食。颗（粒）调和百味俱香。"

花椒作为济世药物进入药典，首见于秦汉时期我国最早的药学专著《神农本草经》，认为花椒可以"坚齿发""耐老""增年"。李时珍曾用"椒红、茴香、枣肉"治愈一位年高七旬老妇的腹泻病。我国各地历代民间有用花椒驱虫、止泻、祛湿、镇痛的偏方。花椒因含有丰富的芳香物质，自古就作为矫味剂和防腐剂用于丧葬，在墓穴和棺椁中大量填充椒皮，同时也有驱邪扶正的含义。例如，在距今 2 100 年前的长沙马王堆西汉古墓和河北满城西汉刘胜古墓中，分别发现了竹叶花椒（Z. armatum）和花椒（Z. bungeanum）的种子和果实。

我国人工栽培花椒当不晚于两晋。至南北朝之后，花椒的种植已十分兴盛，栽培技术也趋于完善。北魏贾思勰的《齐民要术·种椒》、宋朝苏颂的《图经本草》、元朝孟棋畅的《农桑辑要》、明朝王象晋的《群芳谱·椒》、李时珍的《本草纲目》、邝璠的《便民图纂》和清代张泉法的《三农记》等典籍中都有花椒栽培的记述。特别是西汉人范蠡的《范子计然》一书详细记载了我国古代劳动人民关于花椒繁衍育苗、栽培、采收、贮藏等方面的栽培经验和技术。《齐民要术》中记有"熟时收取黑子。四月初，畦种子。方三寸一子，筛土覆之，令厚寸许，复筛熟粪以盖土上。旱辄浇之，常令润泽。生高数寸，夏连雨时可移之。若移大栽者，二月三月中移之。此物性不耐寒：阳中之树，冬须草裹，不裹即死。"这些经验，至今仍被一些花椒产区的椒农所采用。到了明代，李时珍在《本草纲目》中写道："秦椒，花椒也。始产于秦，今处处可种，最易番衍。"邝璠的《便民图纂》中，更有了花椒的栽植季节和方法的详细记载。我国劳动人民不仅在很早以前有丰富的植椒经验，而且对花椒属的种类也已经有所认识。如陆玑《诗正花》中记述："今成打桌诸山，有竹叶椒。东海诸岛上，亦有椒，枝叶皆相似，子长而不圆，味似橘皮，今南北所生一种椒，其实大于蜀椒。当以实（即果实）大者为秦椒，即花椒也。崖椒：俗名'野椒'。蔓椒：蔓生，气臭如狗羹。地椒：出北地。"明、清时期，由于交通的发展，花椒销售日益兴盛，促进了各地花椒引种栽培规模的扩展，并奠定了我国现今花椒栽培的地理分布格局。

山东省花椒栽培历史最早见于北魏贾思勰所著《齐民要术》："按今青州有蜀椒种，本商人居椒为业，见椒中黑实，乃随生意种之。凡种数千枚，止有一根生。数岁之后，便结子，实芬芳，香、形、色与蜀椒不殊，气势微弱耳。遂分布栽移，略遍州境也。"说明早在 1 500 年之前，青州地区已经遍地栽植花椒了，但所栽植品种是否是蜀椒，尚有待考证。清代小说家蒲松龄（山东淄川人）在其所著《农桑经》中记有："椒，先耕地，取子种之，以灰粪和细土覆之，则易生。最畏寒，冬月苦之，来年分栽。"清末编纂的《山东通志》有这样的记载："花椒，各属皆有，出口产长青，辛而不螯。"说明在明清时期，山东各地栽培花椒十分普遍，并作为重要经商和出口香料。

（二）花椒利用价值

花椒是重要的调料、香料、木本蔬菜和木本油料树种，关乎千家万户的日常生活，需求量大。椒皮是我国传统的食用调料，含有丰富的花椒精油和麻味素，广泛用于餐饮、食品、化妆品、医药、保健等领域，具有生津消渴、开胃健脾、助消化、镇痛、祛湿寒、杀菌、消炎、驱虫的作用。花椒的嫩芽和鲜叶富含芳香物质，食之清爽适口，是珍贵的木本蔬菜。花椒种子富含油脂，是重要的木本油料树种。此外，花椒根系发达，固持土壤能力强，耐干旱瘠薄，是优良的水土保持树种。目前，我国花椒产业的产值约 300 亿元。如果能实现对花椒系列产品的开发，则可实现年产值 1 000 亿元以上。大力发展花椒产业，不但能增加椒农和产业从业者的收入，而且有利于提升行业产业化水平，改善生态环境，增进国民健康。

1. 椒皮的成分和利用价值

（1）椒皮成分

椒皮是成熟的花椒果实晒干后去除花椒籽、梗和叶等杂质后获得的红色果皮。椒皮的化学成分主要包括挥发油、生物碱、酰胺、木脂素、香豆素、黄酮和脂肪酸。挥发油中主要含烯烃类、醛类、醇类、酮类、酯类及环氧化合物（1，8-桉树脑）等，其中的主要成分是芳樟醇和柠檬烯，其次为 1，8-桉树脑、月桂烯等，是反映花椒香气强度的主要指标。生物碱为喹啉衍生物类、异喹啉衍生物类、苯并菲啶衍生物类和喹诺酮衍生物类。酰胺大多为链状不饱和脂肪酸酰胺，其他则为含有芳环的酰胺，链状不饱和脂肪酸酰胺中有些具有强烈的刺激性，其中山椒素类为麻味物质的主要成分。木脂素几乎均为双环氧木脂素，即二苯基双骈四氢呋喃衍生物，大都属Ⅰ型（左旋异构体），有时双骈四氢呋喃环会开裂。香豆素有简单香豆素和吡喃香豆素两类，具有芳香甜味。由于产地环境条件、花椒品种、采摘时期、提取方式不同，花椒化学组成及含量差异较大。

（2）椒皮的初级开发利用

椒皮既可以精选去杂后加工成精椒，用于烹饪调味，也可以粉碎成花椒粉，单独或与其他调味品混合加工成各种调味品，或作为主料或填料加工成各种酱菜，或投入食用油中熬制加工成花椒油。通常，优质精椒要求含杂低于5%，且外观品质（色泽、颗粒大小和整齐度）和内在品质（芳香物质含量高，麻味成分含量适中）好，包装合理，水分含量和农药残留符合有关规定要求。花椒粉除了加工环节符合技术要求外，对内在品质（芳香成分和麻味成分含量）和农药残留要求更高，有效成分含量高、农药残留低的产区优良品种花椒，具有更大的市场竞争力。近期，国内香料调料协会正在组织有关专家和技术人员制定花椒皮及其加工产品的技术等级标准，标准中除规定了色泽、颗粒大小和整齐度、水分和杂质含量等常规的要求之外，特别强调了有效成分的含量（等级）和农药及重金属含量。这对今后我国花椒产业的健康发展具有重要的规范和引导作用。

（3）椒皮的精深加工利用

花椒精油是采用常规油浸、水蒸气蒸馏、有机溶剂萃取等方法，或者采用超临界或者亚超临界萃取方法获得的由挥发油、生物碱、酰胺等成分组成的混合物。这种混合物为花椒精油，具有抗氧化、调血脂、降压以及抗血栓、保护应激性心肌损伤等作用，又有较强的抗病原微生物、驱虫和杀虫的作用。利用花椒精油乳霜剂能够高效治疗蠕形螨病且没有毒副作用，对赤拟谷盗与烟草甲具有较强的致死效果。

花椒精油中的挥发物质，其主要成分为柠檬烯、牻牛儿醇等芳香物质，是食品加工、化妆品生产的高级调味香精。

花椒油树脂是花椒精油提取挥发性物质后得到的具有一定黏稠度的油状芳香辛麻液体。花椒油树脂中的风味物质不易保存，多直接用作添加成分加工火锅底料、方便面调味包等。也可将具有特殊芳香气和麻辣味的花椒油树脂进行微胶囊化，制成花椒油树脂微胶囊，其香气质量和强度稳定持久，用作食品调味的添加成分。此外，还可以将花椒油树脂与食用油调和（通常提取物含量1.5%左右），制成具有独特麻香风味的花椒调味油。

花椒麻味素又称花椒酰胺、崖椒酰胺，是一类链状不饱和脂肪酸酰胺物质，呈白色结晶体，熔点 119～120℃ （105℃软化），溶于热乙醇、苯，微溶于水，不溶于石油醚，具有显著的杀虫作用和抗炎作用，具有多种生理功能，如麻醉、兴奋、抑菌、祛风除湿、杀虫和镇痛等。花椒麻味素可以采用一定的工艺直接从花椒油树脂中提取分离获得，也可以从提取挥发性芳香油的椒皮中直接提取。在食品和医药工业中有广泛用途，开发潜力巨大。

（4）花椒的药用价值

由于花椒所含有的复杂化学成分，其相应的生物活性也很复杂，花椒具有抗菌消炎、镇痛、镇静、抗动脉硬化、抗血凝、降血脂、驱蛔虫等多种药理作用，除此之外，花椒还可以提高机体在抗菌、抗病毒、抗肿瘤等方面的免疫力。

①扩张血管、降低血压。花椒首先对内皮细胞起作用，然后使平滑肌放松、血压下降，因此，扩张血管、降低血压的作用是间接的。

②促进血液循环，抑制血小板凝血。花椒具有温通血脉、改善血液循环的作用。花椒属植物中所含有的多种生物碱都能够抑制血液凝固，生物碱结构不同，对血小板的抑制作用也会有较大的差异。

③修复心肌损伤。花椒的粗提物对心肌损伤有一定的治疗效果，花椒水提物和醚提物均可使血清甘油三酯和血清单胺氧化酶的含量下降，水提物对核苷酸酶活性影响不明显，而醚提物可使其活性明显下降。

④麻醉止痛。花椒的麻醉作用较强，一定浓度的花椒浸提液可以产生局部麻醉作用；服用花椒油可让口腔神经麻痹，从而在拔牙时减轻疼痛感；在医院进行胃镜检查前，服用一定量的花椒提取液，可使消化道麻痹，从而能够大幅度地减轻患者的恶心、呕吐等不适反应。

⑤散寒祛湿，消炎止泻。花椒可以解寒祛湿，对阳气虚弱导致的腹疼及腹泻具有很好的扶正治疗效果。花椒提取物具有很强的消炎作用，能够有效治疗各种体外溃疡，保护肝脏，治疗腹泻，减轻

胃肠胀痛，并具有一定的止痛功效。这些科学成果均表明了花椒"温里散寒、消肿止痛"功能的本质。还有试验结果显示，花椒具有一定程度的驱虫作用。

⑥抑菌，抗病毒。花椒根中生物碱对病菌及皮肤致病菌有严格的抑制作用。青花椒碱的抑菌作用具有选择性，对革兰氏阳性菌抑制作用较强；竹叶椒根的水溶性成分对溶血性链球菌、金黄色葡萄球菌、变形杆菌和大肠杆菌等均具有较强的抗菌作用，常在临床上用于治疗早期阑尾炎和急性单纯性阑尾炎；且花椒挥发油显示的抗菌活性与青霉素相当。另有研究表明花椒中含有的生物碱以及香豆素可以有效地抑制乙肝病毒的 DNA 复制。

⑦抗氧化，抗癌。对花椒、桂丁两种植物的挥发油的抗氧化性进行测定后，结果显示其抗氧化性与浓度呈正相关，二者的抗氧化水平对比结果显示花椒的抗脂质过氧化能力强于桂丁。花椒宁碱具有抗癌作用，并对病毒引起的几种癌症也有效果，可以抑制 80% 的细胞生长而不升高培养细胞的死亡率。花椒中的生物碱可延长患白血病小鼠的生命时间，一些白血病小鼠用该生物碱治疗后获得痊愈，研究表明其治疗机理主要是其能够有效地抑制 DNA 聚合酶和逆转录酶的活力。

2. 花椒籽的主要成分及利用价值

（1）花椒籽的主要成分

花椒籽是花椒的主要副产物，占其总质量的 60% 左右，千粒重 12.5～22.0g，是一种含油量丰富的油料和蛋白质资源，但一直以来未得到合理利用。目前，花椒的种植规模每年以 20%～30% 的速度递增，估计每年约有 20 万 t 的花椒籽需要加工利用，因而急需对花椒籽资源进行研究与开发利用。

花椒籽含有丰富的脂肪，可提取高级食用油，也可以生产工业用油，是我国重要的木本油料树种和生物质能原料树种。成熟的花椒籽具有一层坚硬且脆的籽皮，籽仁包裹其中，皮和仁分别占整籽重量的 30% 和 70%。花椒籽含有丰富的油脂、蛋白质、粗纤维、磷脂、矿物质及维生素等成分。花椒籽油脂含量为 27％～31％，其中皮油 6％，仁油 20％～25％。花椒籽含有粗脂肪 25％～31％（其中人体必需脂肪酸亚油酸的含量在 17.7％～32.6％、α-亚麻酸的含量在 17.4％～24.1％）、蛋白质 14％～16％、挥发性油 1.2％左右，维生素 E 含量丰富。花椒籽油中不饱和脂肪酸的成分占 90％以上，其中人体不能合成的必需脂肪酸（α-亚麻酸和亚油酸）含量高达 70％左右，花椒籽挥发油主要成分为芳樟醇（87.7％）、柠檬油精（8.2％）、(Z)-肉桂酸甲酯（4.9％）、β-水芹烯（4.1％）、β-石竹烯（1.2％）、松油烯-4-醇等。

（2）花椒籽的利用价值

粗榨椒籽油中的游离脂肪酸（2％～7％）和蜡（5％～20％）含量较高，不经精炼不能食用。经过精炼的花椒油，油品与核桃油、茶油、橄榄油、毛梾籽油、文冠果油相当，远高于花生油、菜籽油和大豆油。花椒籽油还可作生物柴油及制作皮革、油漆、醇酸树脂、氨基树脂、环氧树脂、有机硅树脂、肥皂、沐浴露等的原料。花椒仁油富含 α-亚麻酸等不饱和脂肪酸，具有调节血脂、改善血流量、防止脂质过氧化的作用，是高级保健食用油。

此外，经榨油后的花椒籽渣，蛋白质含量很高，是良好的蛋白类饲料添加成分或食用菌基质。据试验，在鸡饲料中添加 3％～5％的花椒籽渣，能够明显提高鸡的免疫力、肉/饲比和肉品品质。也可以利用籽渣生产活性炭，或用作肥料。利用花椒籽生产的芽苗菜，可以实现周年供应。

3. 花椒嫩芽、鲜叶和青果的开发利用

花椒嫩芽嫩叶含有丰富的挥发性芳香物质、黄酮、氨基酸和矿物质。挥发油成分和含量因花椒的种类、采摘时间、种植环境等因素的影响而有所差异，其中有烯烃类 61 种，烷烃类 14 种，醇类 52 种。大部分花椒叶中都含有 α-水芹烯、芳樟醇、棕榈酸、石竹烯氧化物、叶绿醇等挥发油成分。因此，鲜嫩的花椒芽叶既是鲜美的时令木本蔬菜，食之能够生津消渴、增进食欲，又具有较强的抗

氧化活性、抗肿瘤作用和抑菌消炎等保健功效，具有较好的食用价值和保健价值，开发潜力巨大。

花椒嫩芽、鲜叶食之芳香清爽，可以直接炒食或炸食，或作为水饺馅料，也可以腌制即食小菜，或加工成脱水椒芽（叶）用于烹饪或面食加工，也可以腌制保存长期食用，或加工成风味酱菜，也可以脱水后加工成花椒叶粉，用作调味品添加成分。生产中可以利用花椒籽进行花椒芽苗菜工厂化生产，也可以建立专门的椒芽设施生产基地，或结合花椒采收过程收获花椒叶片。

花椒果实膨大期的嫩果，椒籽尚未硬化时，可直接作为菜肴佐味食用，或与鲜蒜和辣椒一起捣碎制作三辣酱，或作为酱菜加工的原料；也可以腌制灌装后长期食用，或作为烹饪调料。

4. 椒木

花椒木材坚硬致密，淡黄色（长期暴露稍变深黄色），心边材区别不明显，木质部结构致密，均匀，纵切面有绢质光泽，纹理美观。大规格椒木可作为各种工艺品的雕刻、旋刻材料，也可加工小型农具；小规格椒木可以制作手杖、把件或按摩棒，具有祛湿辟邪保健的功效；枝柴可以用作食用菌生产基质或薪炭材。

5. 花椒的生态价值

花椒是重要的生态树种。花椒根系发达，固持能力强，适应性强，具有极强的耐干旱耐瘠薄能力，是干旱瘠薄山地生态造林的理想树种。山东省鲁中南山区有长期栽植花椒的历史，荒坡、地堰、田埂、地边遍布花椒，既能固持地堰，防止水土流失，又能增加收入，是山区开发治理的优良生态经济树种。研究表明，地埂花椒可使农田土壤侵蚀模数降低 28.9t/km^2、风速降低 28%、降雨量截留率增加 19%、土壤含水量提高 16%、蒸发量减少 13%、空气湿度增加 4%。同时，花椒能明显地增加土壤氮、磷、钾及土壤水稳性团粒含量，改善土壤结构。因此，大面积种植花椒可为粮油生产提供良好的生态保障，对促进我国粮油的丰产、稳产意义重大。

6. 花椒产业的社会效益

大力发展花椒产业，有利于调整农业产业结构，吸收农村富余劳动力，增加农民收入。由于山区农村大量劳动力转移，土地大量闲置甚至撂荒。将这部分土地营造花椒林，收入高，劳动力需求少，且能够连年收获，是实现我国农民致富、农业增收、农村奔小康的重要途径。花椒经济价值高、用途多样，从而导致了近年来花椒的市场需求快速增长，花椒价格不断攀升。为拉动国内花椒种植产业发展，很多地区掀起了"兴椒致富"的热潮，形成了以陕西韩城和凤县，山西芮城，甘肃秦安，河北涉县，山东莱芜和山亭，贵州水城，四川汉源、西昌、冕宁、金阳、汶川、金川等为主的花椒主产区，并发展成为当地群众脱贫致富的"希望树"、聚财的"摇钱树"，成为农业产业结构调整和政府经济增长的重头戏。在许多花椒产区，农民花椒年收入占到家庭年总收入的 70%～80%，成为农民家庭收入的主要来源。陕西韩城市现有花椒栽培面积 55 万亩 *，年产椒皮 2 200 万 kg，产值 13.5 亿元，形成了 5 个花椒专业镇，椒农 15 万人，采摘期吸纳市内外劳动力 10 万余名，椒农人均年收入 2 万元以上的农户多达 2 万户，带动形成了花椒种植、营销和加工完整的产业体系，已经成为全市支柱产业。山东莱芜和山亭花椒产区，椒农人均 2 亩花椒，年收入 1 万元以上，成为山区农民脱贫致富、乡村振兴的重要项目。

---

* 亩为非法定计量单位，1 亩＝$1/15hm^2$。

二、花椒的分布与产业发展现状

（一）花椒分布与生产概况

1. 花椒分布概况

花椒属植物从第三纪的上新世至始新世广泛分布于亚洲、欧洲和北美洲。辽宁抚顺、山东临朐和河南桐柏也曾在相同地质时期的地层中发现花椒属的叶片化石。

我国花椒属植物的自然分布北界为辽宁南部，南至广东广西，东至东部沿海省份，西至西藏东南部。在先秦时期以陕西西南部、河南西部及山西南部为主要产区。地理分布范围为北纬20°～40°，东经92°～124°。包括辽宁、河北、山东、北京、天津、河南、甘肃、陕西、山西、宁夏、安徽、江苏、贵州、浙江、福建、广东、广西、台湾、江西、云南、四川、重庆、西藏等省（自治区、直辖市）。据西北农林科技大学研究，中国花椒栽培中心起源于甘肃南部，随后逐渐扩展到黄河中下游的陕西、山西、河南、山东，西南地区的四川、贵州、云南等地。日本、朝鲜、尼泊尔、印度、马来西亚、不丹、缅甸、锡金、菲律宾等国家也有分布。花椒属植物的垂直分布一般在海拔1 000m以下，在华南地区可达1 500m以上，在云贵高原为2 000m以上，在西藏的墨脱最高达2 900m。

花椒属作为调料类经济树种栽培的主要是花椒（红花椒）和竹叶花椒（青花椒）这两个种，占总栽培面积的95%以上，这两个种均原产中国。其中，红花椒主要在黄河中下游地区栽培，红花椒以甘肃的武都大红袍、四川的茂县大红袍和汉源花椒、陕西的凤县大红袍和韩城狮子头、山东的莱芜大红袍最为驰名，西南地区也有少量栽培；青花椒则栽培于西南地区，以重庆江津的九叶青最为驰名。此外，花椒属的其他种，如野花椒、青花椒等，也有少量栽培或采收当作调料花椒用的，但所占比例极少。

栽培花椒的垂直分布因产区不同而异。在黄河中游的甘肃、陕西、山西和河南西部，通常栽培在海拔 1 000m 以下的黄土丘陵区，在西南地区多栽培于海拔 1 500m 以下的山区，在黄河下游则栽培于海拔 500m 以下的低山丘陵区。

依据我国花椒各产区的气候条件以及主要栽培品种（种类）特征，将我国花椒产区划分为 2 个栽培区，即华北栽培区和西南栽培区。

（1）华北栽培区：本区位于北纬 32°～42°，东经 104°～124°，包括河北东南部、山东、河南西北部、山西中南部、河南西北部、陕西东北部、甘肃中南部，即秦岭、淮河以北，长城以南、以东的黄土丘陵区和鲁中南山丘区、辽东及胶东丘陵区。该区域为暖温带气候，年平均气温 4～8℃，1 月均温 -6～0℃，最低气温 -22℃。年积温 3 400～4 500℃，年降水量 450～750mm，是我国红椒栽培区，主要类型为红椒类秋椒亚类，另有少量伏椒亚类品种栽培。

（2）西南栽培区：本区位于北纬 25°～35°，东经 90°～103°，包括四川、重庆、云南、贵州等地。该区域为亚热带气候，年平均气温 13～20℃，≥10℃积温为 4 000～6 500℃。1 月平均气温在 0～2℃，年降水量 800～1 600mm。本区是我国青花椒主产区，另有少量红椒类伏椒亚类品种栽培。

2. 花椒生产概况

以往我国花椒多为野生或零星栽植，其面积与产量都很低。20 世纪 80 年代以来，各地大力开发利用梯田、堰边，集中连片营建花椒林（园），栽培面积、产量、质量均大幅度提高。近年来，随着农业产业结构的调整和乡村振兴及扶贫工作的全面推进，加之花椒产业体系的日臻完善和花椒价格的不断攀升，各地花椒产业均有了较大的发展。截至 2017 年底，全国花椒总面积已达 2 500 多万亩，年产干椒约35万t，产值300多亿元，形成了以陕西韩城、凤县，甘肃武都、秦安、周曲，四川汉源、茂县、西昌，贵州水城、关岭，济南莱芜、枣庄山亭，河北涉县，重庆江津，山西芮城等地为集中规模栽培的我国传统花椒主产区。2015年以来，云南、四川、重庆、陕西、贵州、甘肃、河南、山东等地花椒发展速度加快，全国每年新建椒园200万亩以上，诞生了云南、贵州等新的花椒大省（表2-1）。

表2-1　我国花椒各主产省份产量和产值情况

省份	面积（万亩）	产量（万t）	产值（亿元）	资料来源
全国	2 500	30	300	魏安智（2018）
陕西	274.95	6.26	45.6	原　野（2018）
四川	494.4	6.0	55.0	罗成龙（2019）
甘肃	406	5.38	43	魏安智（2018）
云南	400	2.227	17.8	郭永清（2019）
山东	45	3.551	28.4	魏安智（2018）
贵州	73.54	1.72	不详	侯　娜（2019）
重庆	不详	3.099	24.8	魏安智（2018）
河南	不详	2.803	22.4	魏安智（2018）
河北	16	1.151	9.2	魏安智（2018）
山西	不详	8.53	6.8	魏安智（2018）

山东省是我国花椒主产区之一，栽培历史达1 500年以上，集中分布在鲁中南丘陵区，以济南市的莱芜、钢城、历城、章丘，淄博市的沂源、淄川，泰安市的新泰、肥城，临沂市的蒙阴、沂水，枣庄市的山亭，济宁市的邹城等县（市、区）为主产区，全省现有花椒栽培面积约50万亩，常年椒皮产量约3.5万t。其中莱芜和山亭两地栽培更为集中，栽培面积均超过10万亩，成为当地农业支柱产业。济南市莱芜区被国家林草局命名为"全国花椒之乡"，2018年和2019年，莱芜花椒"栾宫红"和山亭花椒"山亭红"先后在全国林交会获得金奖。

陕西是我国花椒重要产区，从南到北、从东到西都有花椒栽培。目前，陕西花椒种植面积约 246 万亩，年产干花椒 7 万 t。陕西花椒主产于韩城、凤县、富平、宜川等县（市）。2000 年韩城被国家林业局命名为"中国名优特经济林花椒之乡"，2004 年韩城"大红袍"花椒获国家"花椒原产地域产品保护"的称号，全市有花椒约 55 万亩，年产约 2.7 万 t，为我国著名的花椒产地。产于凤县山区的"凤椒"，因果实基部具"双耳"、油腺发达、麻味浓郁悠久、口味清香等特点，2004 年以来相继获得原产地域保护、有机食品认证、绿色食品认证、陕西名牌产品称号，凤县也荣获了"中国花椒之乡"的命名。目前，凤县花椒栽培面积有 30 多万亩，年产花椒 4 000t，成为农民增收的主要来源。

四川花椒栽培历史悠久，所生产的红椒和青椒全国知名。汉源县位于大渡河中游，地处川西南山地亚热带气候区，花椒种植面积 6 万多亩，年产花椒 72t，所产汉源花椒色泽丹红、粒大油重、芳香浓郁、醇麻爽口；茂县地处岷江干旱河谷地带，目前花椒种植面积 10 万亩，年总产量 500t，茂县大红袍以色泽鲜红、味麻、芳香浓郁而闻名，深受消费者喜爱。

甘肃花椒主要分布在中南部的陇南、临夏、天水等地，全省有 33 个县种植花椒，花椒总面积 367 万亩，年产量 3.7 万 t。其中，武都花椒种植面积 90 万亩，年产花椒 1.7 万 t；秦安花椒种植面积达 22 万亩，年产花椒 8 400t。

此外，近年来云南、贵州等省份开始大规模发展花椒。云南省近 5 年来发展花椒面积超过 500 万亩，贵州超过 100 万亩。

在日本花椒是主要的经济树种之一，主要分布在和歌山县、奈良县、岐阜县、兵库县。主要栽培品种有朝仓山椒、葡萄山椒、琉锦山椒、冬花椒、稻花椒等，其中朝仓花椒具有高产、优质、精油含量高、无刺等特点，栽培面积最大。其产品形式包括鲜果和干果两种，且鲜果占有相当的市场份额。日本在花椒的育种、栽培、药用开发等方面都有研究。在育种方面，建立了种质资源库，并通过芽变育种，选育出了果大、精油含量高的高效生药品系"葡萄山椒"等新品种。并以朝仓花椒为材料，通过茎尖继代培养研究出了把茎尖培养和人工选育相结合选育富含芳香物花椒品系的有效方法。在花椒栽培方面，日本研究出了以抗逆性强、根系深广的稻花椒和冬花椒为砧木、采用劈接法进行嫁接的花椒嫁接技术，并已成为日本花椒繁殖的主要方式。日本更注重把花椒作为一种药用植物来进行开发研究，日本医药株式会社、各医药教学与科研机构都投入大量精力进行花椒化学成分的研究，通过对花椒果皮中精油、辛香物等成分的测定，提取分离出了山椒素等成分。日本还利用花椒研制生产了药用的杀菌、治疗创伤的药剂，研制开发了用于食品及化妆品生产的植物源香精和香料等。

在韩国，花椒一直作为食用和药用植物。韩国林业遗传研究所一直致力于具有多果穗、大果粒、无刺的花椒优良品系研究，并选育出了 13 个优树，建立了优树无性系测定林，初选出了 4 个经济性状优良的无刺花椒无性系。除日本、韩国外，印度也建立了专门的花椒研究机构，培育出了多个花椒新品种，这些新品种都申请获得专利保护。

（二）花椒产业体系建设

1. 花椒产业现状

花椒全身都是宝，具有广泛的用途和开发利用价值，适于建立完善的产业体系以实现其健康持续发展。

一般而言，完整的涉农产业体系应包括产前、产中和产后三个环节。花椒产业体系的产前环节包括科技支持系统（良种选育、高产优质栽培技术集成和标准化生产、新产品和新工艺、新设备研发）、技术服务系统、行业宏观决策和政策保障体系等方面，是产业体系的支撑保障；产中即市场引导花椒及相关产品的生产环节；产后环节包括花椒营销和加工两个方面，与花椒的产中环节形成互为反馈调控。目前，我国花椒产业体系建设已经形成初步轮廓，但在整体上存在各环节发展不平衡、结构不完善、协调匹配不够等问题。

我国花椒产业体系中，产前环节最为薄弱，远不能发挥对整个产业体系的支撑保障作用。在科技支撑方面，受花椒特殊的生殖生物学特性的影响，目前花椒育种方法陈旧单一，良种良法相配套的标准化生产尚未建立，花椒栽培中的关键技术尚未攻克，如晚霜防控技术、有害生物安全防控有机花椒生产技术，花椒新产品、新工艺、新设备研发有待继续加强，特别在花椒精细化工和制药领域更需要加大科技投入。随着我国社会转型和"三农"问题的日益突出，分散在千家万户零散栽培的花椒如何适应劳动力短缺、劳动力成本增加的问题，是花椒产业体系建设中必须面对和解决的问题，需要建立配套的技术服务体系和专业化技术服务队伍，为花椒生产过程中有害生物安全防控、整形修剪、采收和初加工提供高效优质服务。从长远来看，要确保农业产业的健康持续发展，必须有强有力的行业宏观决策和政策保障，但目前这方面没有得到应有的重视，有待于引起高度关注。

当前，花椒产业体系的产中环节依然存在一些突出问题，如栽培规模盲目扩大导致产能过剩、良种推广应用比例小、椒园管理粗放、生产技术落后、机械化程度低、劳动力成本高，导致整体产量和效益低下。此外，大面积连片种植花椒，引发花椒病虫害日益严重，抗药性增强，病虫害防治中存在滥用药、过度用药问题，各地所生产的花椒普遍存在农药残留超标问题，不能达到出口要求，也不能适应今后花椒精深加工的需要。

加工领域一直是整个产业体系的薄弱环节，在很大程度上限制了整个花椒产业规模扩展和效益提升。现阶段我国花椒加工仍然以初加工为主，尽管已经有少量精深加工企业投产，但工艺和技术方面仍然需要进一步优化，特别要加强花椒精细化工、制药、出口等领域的加工产能提升。

2. 花椒产业亟待解决的关键问题

（1）花椒种质创制与良种推广

第一，搜集保存花椒种质资源，建立花椒种质资源基因库，开展花椒种质遗传多样性评价研究，掌握花椒种间和种内遗传关系，对关键性状进行分子生物学研究和注释，为花椒种质创新奠定基础。第二，依据花椒育种目标，建立相应的育种策略，采用常规育种和新技术育种手段，创制花椒新种质。第三，依托行业和地方花椒产业联盟、协会等专业技术组织，在各花椒主产区开展花椒良种区域试验，推广花椒优良品种。

近年来，我国花椒良种选育和推广取得了很大成就，全国已有审定良种 20 余个，其中陕西、甘肃、四川、甘肃、河北、山东、贵州、河南等地，均从当地或引种花椒种质中选育出一些花椒良种。但是，这方面的工作还有很大不足，表现在：第一，花椒种质创制途径单一，现有良种均为实生选优，缺乏其他育种途径，如杂交育种、分子育种技术应用、诱变育种等，其中在杂交育种方面，可能受制于花椒无融合生殖特性。第二，尚未开展全国或区域性花椒品种区试协作工作，在一定程度上影响了花椒良种的推广。

（2）建立栽培花椒品种分类体系，规范我国花椒品种命名方法

长期以来，我国花椒栽培中存在种类和品种（品系、农家品种）混杂、同名异物、同物异名、多物同名等混乱问题，对花椒科学研究、生产栽培、加工营销造成严重困惑和麻烦，制约了整个花椒产业发展。为此，必须建立我国花椒良种评价和分类体系，规范我国花椒品种命名方法，以便加快我国花椒良种选育和推广的进程。

（3）花椒高产优质高效生产技术集成和标准化生产

实现花椒高产优质高效生产，第一，要解决花椒生产中的关键技术瓶颈，如土壤培肥和水肥一体化技术、花椒机械化省力栽培模式、花椒晚霜冻害防护技术、有害生物安全防控和有机花椒生产配套技术。第二，要在技术集成基础上，在各花椒主产区建立大面积花椒高产优质高效标准化生产示范基地，辐射带动和提升产区花椒的集约化生产水平。第三，要建立花椒生产技术咨询体系和专业化技术服务队伍，解决我国花椒产区技术薄弱、劳动力短缺问题。

（4）花椒精深加工技术、工艺流程和设备研发

花椒营养成分丰富，用途广泛，具有广阔的开发前景。花椒皮可以用作调料和香料，还可以提取其中有效成分用于食品、化妆品、医药和保健品、精细化工工业生产；花椒籽油经精炼后可以用作食用油、工业用油和其他工业原料，外种皮可以生产活性炭；花椒嫩果和嫩芽可以作为高档木本蔬菜。然而，迄今为止，国内对花椒精深加工及系列产品开发缺少必要的科学研究和技术、工艺、设备研发，现有花椒产品种类少，加工粗糙，品质差，严重不适应市场需求，也在很大程度上制约着整个花椒产业的发展。为此，需要重点开展以下工作：一是椒皮和椒籽有效成分的提取和精炼技术研究、工艺及设备研发；二是花椒芽苗菜生产工艺和芽菜保鲜工艺及配套设备研发；三是花椒医疗保健价值研究与新药研发。

从发展趋势看，必须建立完善的花椒产业化体系，才能全面提升花椒产业的规模和效益，并实现花椒产业健康持续发展。

3. 花椒产业发展趋势

目前我国花椒栽培面积已经超过 2 500 万亩，年产花椒 30 万 t，形成了一个年产值达 300 亿元的巨大特色产业。在我国北方地区，其是栽培规模和效益位列第一的木本调料树种和仅次于核桃的第二大木本油料树种。近年来，在农业产业结构调整政策引导和市场价格的驱动下，我国花椒种质规模迅速扩大，但花椒消费需求依然停留在传统的调味品上，导致花椒生产在一定程度上出现了产能过剩的迹象。因此，我国花椒产业今后的发展重点是加强产后加工领域的投入和产能开发，稳定产中规模并提升内涵质量。

山东省现有花椒栽培面积 50 万亩，年产花椒皮 3.5 万 t，年产椒籽 3 万 t，产值 30 亿元左右。花椒在山东省是仅次于核桃的第二大木本油料树种、第一大木本调料、香料和蔬菜树种。在今后 10～20 年内，大力推广良种，可望进一步扩大花椒栽培面积至 60 万亩，通过良种推广和老旧椒园良种更新改造、丰产栽培技术推广和系列花椒产品的开发，有望实现花椒皮产量 5 万 t，产值 50 亿元以上，带动山区椒农人均增收 5 000 元以上。

    如此大的花椒生产栽培和产业规模，需要强有力的科技支撑。为此，山东省经济林协会专门成立了花椒分会，以组织和引导全省花椒产业健康有序发展，提升全省花椒生产、加工和营销的产业化水平。此外，省内高校和科研院所还要加强与国家林草局花椒工程技术研究中心、国家花椒产业协会等行业组织密切联系，梳理制约全省花椒产业发展的瓶颈问题，如良种选育、壮苗繁育集成技术、高产优质栽培与有害生物安全防控、花椒系列产品精深加工等，特别是在花椒药用价值研究和开发方面，需要加大药理研究和新药开发的资金和技术投入。这些重大问题的解决，将有力地促进山东省花椒产业体系的建立和完善，促进山东省花椒产业的规模化发展，提高花椒产业的经济效益、生态效益和社会效益。

三、花椒的种类及品种

（一）花椒属种类

花椒属（*Zanthoxylum* L.）植物为乔木或灌木，或木质藤本，常绿或落叶。茎枝有皮刺。叶互生，奇数羽叶复叶，稀单或 3 小叶，小叶互生或对生，全缘或通常叶缘有小裂齿，齿缝处常有较大的油点。圆锥花序或伞房状聚伞花序，顶生或腋生，由花序梗、花序轴、花梗和花蕾组成，花序的中轴为一级花序轴，其上有二级花轴、三级花轴，个别有四级花轴，开花顺序从中心向四周，从上至下依次开放，个别品种有二次开花现象，但数量少，构不成产量。花单性，雌雄异株，若花被片排列成一轮，则花被片 4～8 片，无萼片与花瓣之分，若排成二轮，则外轮为萼片，内轮为花瓣，均 4 或 5 片；雄花的雄蕊 4～10 枚，药隔顶部常有一油点，退化雌蕊垫状凸起，花柱 2～4 裂，稀不裂；雌花无退化雄蕊，或有则呈鳞片或短柱状，极少有个别的雄蕊具花药，花盘细小，雌蕊由 2～5 个离生心皮组成，每心皮有并列胚珠 2 颗，花柱靠合或彼此分离而略向背弯，柱头头状。蓇葖果，外果皮红色，有油点，内果皮干后软骨质，成熟时内外果皮彼此分离，每分果瓣有种子 1 粒，极少 2 粒，贴着于增大的珠柄上；种脐短线状，平坦，外种皮脆壳质，褐黑色，有光泽，外种皮脱离后有细点状网纹，胚乳肉质，含油丰富，胚直立或弯生，罕有多胚，子叶扁平，胚根短。

Linne 将有萼片与花瓣之分的种划入崖椒属（*Fagara* L.），无萼片与花瓣之分的种归入花椒属（*Zanthoxylum* L.）。前者多见于热带和亚热带地区，后者主要分布于北半球稍偏北地区。从植物形态学、解剖学、孢粉学及植物化学研究提供的资料说明，无必要把本属细分为两个属。《中国植物志》将花椒属划分为崖椒亚属和花椒亚属。作为花椒属下的一个亚属，崖椒亚属有部分成员为常绿，部分为冬季落叶。属于攀援性状的成员，当其植株处于幼龄期，明显为直立性，偶尔也有成长为小乔木状，但通常与它树接触时即显出其攀附习性。由此观之，攀援性状的形成与其生境密切相关。此类成员，其花序均属圆锥状聚伞花序，通常腋生，有时兼有顶生。花椒亚属全为冬季落叶的乔、灌木，有少数成员的顶生花序生于极度短缩的侧枝上，呈老茎着花状。心皮明显离生，花柱向背弯，成熟分果瓣上的油点明显凸起，其雌花偶有可育的雄蕊。

全世界花椒属植物约有 250 种，分布于亚洲、非洲、北美洲的热带和亚热带地区，温带较少。中国约有花椒属植物 39 种，14 变种，自辽东半岛至海南岛，东南部自台湾至西藏东南部均有分布。花椒为杂合体，属内种染色体数 $2n=32$，64，68，70，72，136，染色体倍性复杂。

花椒亚属中作为调料栽培的主要是花椒（Z. bungeanum Maxim.）及其原变种（Z. bungeanum var. bungeanum），属于红椒，全国各花椒产区均有栽培。其中花椒（原变种）又分为两个类型，成熟于 7～8 月份的"伏椒"和 9～10 月份的"秋椒"，前者质量优于后者。另一个主要栽培种为竹叶花椒（Z. armatum DC.）及其原变种（Z. armatum var. armatum），属于青椒，主要栽培于西南地区。此外，花椒亚属中的异叶花椒（原变种）（Z. ovalifolium Wight）和野花椒（Z. simulans Hance.），以及崖椒亚属中的青花椒（Z. schinifolium Seib. et Zucc.）也可作为花椒用。

花椒亚属的主要种有：

①花椒（Z. bungeanum Maxim.）。又名椒（诗经）、大椒（尔雅）、秦椒、蜀椒（本草经）。本种为花椒属中栽培最广泛、品种最多、品质最好的一个种，通常作为红椒栽培，也可采收青果腌制酱菜。落叶小乔木，高 3～7m。茎干上的刺早落或宿存并与木栓质形成大型瘤状凸起，小枝上的刺基部宽而扁呈长三角形，当年生枝被

短柔毛。奇数羽状复叶，对生，总叶柄有狭翅或小皮刺，叶5～11枚，有时3或13枚，叶轴常有狭窄的叶翼；小叶对生，顶生小叶有柄，侧生小叶无柄，卵形、椭圆形或稀披针形，先端急尖或渐尖，顶叶较大，近基部的有时圆形，或宽楔形，有时两侧略不对称，长2～7cm，宽1.0～3.5cm，叶缘有疏浅锯齿，齿缝有油点，其余无或散生肉眼可见的油点，叶背基部中脉两侧有丛毛或小叶两面均有柔毛，中脉在叶面微凹陷，叶背面中脉上有斜向上小皮刺。聚伞状圆锥花序顶生，花单性，花被4～8片，雄花具蕊5～7枚，雌花子房无柄。蓇葖果，成熟时红色至紫红色，直径4～5mm，密生粗大而凸起的腺体，成熟心皮2～3个，或1个，间有4个。种子黑色，圆形或卵圆形，直径3.5～4.0mm。花期3～5月，果熟期8～9月，或10月，种子含油率25%～31%。

本种在我国分布广泛，除新疆、黑龙江、内蒙古、台湾、海南及广东等省（自治区、直辖市）外，其余各份均有分布，日本、朝鲜等国有引种。一般生于海拔3 000m以下的向阳山坡、灌木丛、密林下、路旁、丘陵、梯田、堰边，寿命可达40～50年。耐旱，喜阳光，不耐涝。常栽植于平原、丘陵或山地，青海在海拔2 500m的坡地有栽植。

②花椒（原变种）（*Z. bungeanum* Maxim. var. *bungeanum*）。小叶背面中脉基部两侧有丛毛，其余无毛，小叶除叶缘有油点外其余无油点。产于云南西北部的，常见在雌花上有发育的雄蕊，花被大小有时差异很大。产于陕西、甘肃两省南部及四川西部和西北部的，小叶边缘有较大锯齿状裂齿，果梗较细长，果实较小，但成熟时色泽鲜红、紫红或洋红。产于其他地区的，其果梗一般较粗短，成熟果实暗红色。

生于南方的花椒，花期较早（约3月中旬），故果实成熟也较早，但果皮香辛味较淡。青海、宁夏、甘肃、陕西和四川产的花椒品质最优，辽宁、河北、山东、河南、山西等省份品质也属优良。

市场上的商品花椒因产地和采收季节不同，商品名称多而杂。西北部分地区和西南地区所产花椒通称川椒，或称川红椒，亦称凤县大红袍，特点是椒皮色红润，油点大，凸起，香气浓，味香而麻辣，花椒内皮淡黄白色，品质最优。另外，花椒产区又根据花椒成熟采收时期的早晚，将7～8月成熟采收的称为"伏椒"，将9～10月成熟采收的称为"秋椒"。

市场上常有将竹叶花椒、野花椒和青花椒三者或其中一、二混入花椒中销售的，但易于辨别。竹叶花椒和青花椒的椒皮绿色或暗苍绿或淡黄绿色，竹叶花椒味辛麻香淡，青花椒味淡略苦；野花椒（*Z. simulans* Hance.）成熟果实红褐色，味辛麻香淡。

③竹叶花椒（*Z. armatum* DC.）。别称万花针、白总管、竹叶总管（江西、湖南）、山花椒（广西）、狗椒、野花椒（河南、贵州、云南）、崖椒、秦椒、蜀椒。落叶小乔木，高3～5m；茎枝多锐刺，刺基部宽而扁，红褐色，小枝刺直劲，水平抽出，小叶背面中脉上有小刺，两侧有丛状柔毛，嫩枝梢及花序轴被锈褐色短柔毛。小叶3～9枚，稀11枚，翼叶明显，稀仅有痕迹；小叶对生，披针形，长3～12cm，宽1～3cm，两端尖，有时基部宽楔形，叶面稍粗糙；或椭圆形，长4～9cm，宽2～4cm；有时卵形，叶缘有小而稀疏裂齿，或近全缘，仅在齿缝处或叶缘有油点；小叶柄甚短或近无。花序近腋生或同时生于侧枝顶，长2～5cm，有小花30朵以内；花被6～8片，形状与大小相同，长约1.5cm；雄花的雄蕊5～6枚，药隔顶端有1油点；不育雌蕊垫状凸起，顶端2～3浅裂；雌花有心皮2～3个，背部近顶端各有1油点，花柱斜向背弯，不育雄蕊短线状。成熟果实紫红色，有少数微凸起油点，果实直径4～5mm；种子直径3～4mm，黑色。花期4～5月，果期8～10月。

④竹叶花椒（原变种）（*Z. armatum* var. *armatum*）。新生嫩枝紫红色，嫩枝及花序轴均无毛，小叶仅背面基部中脉两侧有丛状柔毛。产于西藏和云南部分地区的，叶片通常有小叶9～11片；由此向东北各地，如江苏、山东等，小叶通常5～7片，有时仅3片。果实成熟时绿色或黄绿色。全株有花椒气味，苦味及麻味较花椒浓；果皮麻辣味最浓，香气淡。根粗壮，外皮粗糙，有泥黄色松软的木栓层，内皮硫黄色，甚麻辣。

产山东以南，南至海南，东至台湾，西南至西藏东南部。见于低丘陵坡地至海拔 2 200m 山地的多类生境，石灰岩山地亦常见。日本、朝鲜、越南、老挝、缅甸、印度、尼泊尔也有分布或栽培。本种为中国调味花椒的另一主要栽培种——青花椒，主产西南地区的四川、重庆、云南等地。

⑤川陕花椒（*Z. piasezkii* Maxim.），又名山花椒。灌木或小乔木，高 1～3m，节间短，刺多，劲直，基部扁，红褐色，各部无毛。小叶 7～17 片，无柄，圆形、宽椭圆形或倒卵状菱形，长 0.3～2.5cm，宽 0.3～0.8cm，顶叶最长，披针形，后纸质，两侧对称，或一侧基部稍偏斜，叶缘近顶部有疏细圆裂齿，齿缝有明显油点，中脉微凹陷，侧脉不明显，叶轴常有狭窄的叶质边缘。花序顶生；花被 6～8 片，宽三角形，长 1.5mm；雄花的花梗长 5～8mm，雄蕊 5～6 枚，药隔顶端油点干后黑褐色；退化雌蕊垫状凸起；雌花的花被片较狭长，心皮 2～3 个少数 4 个，花柱斜向背弯。果紫红色，有少数凸起油点，果实直径 4～5mm，种子直径 3～4mm。花期 5 月，果期 6～7 月。

产陕西、甘肃（徽县、成县）两省南部，四川（大金、理县、崇化）。见于海拔 2 000～2 500m 山坡或河谷两岸。叶子大小与生境有关，最长不过 2.5cm，是我国花椒属中叶片最小的种。果皮具浓郁花椒香气，干椒皮含挥发油 2%～4%。

⑥野花椒（*Z. simulans* Hance.）。又名刺椒（山东）、黄椒（山西）、大花椒（江苏）、天角椒、香椒等。落叶灌木或小乔木，高 1～2m。枝干散生基部宽而扁的锐刺，嫩枝及小叶背面沿中脉或仅中脉基部两侧或有时侧脉均被短柔毛，或各部均无毛。叶有小叶 5～15 片；叶轴有狭窄的叶质边缘，腹面呈沟状凹陷；小叶对生，无柄或位于叶轴基部的有甚短的小叶柄，卵形、卵状椭圆形或披针形，长 2.5～7cm，宽 1.5～4.0cm，两侧略不对称，顶部急尖或短尖，常有凹口，油点多，干后半透明且常微凸起，间有窝状凹陷，叶面常有刚毛状细刺，中脉凹陷，叶缘有疏离而浅的钝裂齿。花序顶生，长 1～5cm；花被片 5～8 片，狭披针形、宽卵形或近于三角

形，大小及形状有时不相同，长约 2mm，淡黄绿色；雄花的雄蕊 5～8（或 10）枚，花丝及半圆形凸起的退化雌蕊均淡绿色，药隔顶端有 1 个干后暗褐黑色的油点；雌花的花被片为狭长披针形；心皮 2～3 个，花柱斜向背弯。果红褐色，分果瓣基部变狭窄且略延长 1～2mm，呈柄状，油点多，微凸起，果实直径约 5mm；种子长 4.0～4.5mm。花期 3～5 月，果期 7～9 月。

产青海、甘肃、山东、河南、安徽、江苏、浙江、湖北、江西、台湾、福建、湖南及贵州东北部。见于平地、低丘陵或略高的山地疏或密林下，喜阳光，耐干旱。果皮味辛辣，温中除湿，祛风逐寒，有止痛、健胃、抗菌、驱蛔虫功效，可作药材，亦可作调料。市场上见有冒充此花椒的。台湾及江西民间用其根治胃病。

⑦毛叶花椒（花椒变种）（*Z. bungeanum* Maxim. var. *pubescens* Huang）。为花椒的变种，与原种的区别是小叶下面被短柔毛，叶脉上更多。新生嫩枝、叶轴及花序轴、小叶片两面均被柔毛，有时果梗及小叶腹面无毛。本变种分为两类，一类的小叶薄纸质，干后两面颜色明显不同，叶背淡灰白色，果梗纤细而延长；另一类的小叶厚纸质，叶面及果梗无毛，侧脉在叶面凹陷呈细裂沟状，小叶两面近于同色，干后红棕色，果梗较粗。花期 5～6 月，果期 10～11 月。产青海（循化）、甘肃、陕西南部、四川西部及西北部（理县、黑水、茂县、宝兴等县）。见于海拔 2 500～3 200m 山地。

⑧山椒（*Z. piperitum* DC.）。落叶小灌木，株高 3m 左右，整株具浓郁的芳香气味。树皮多为灰色或灰褐色，有纵向花纹，无皮瘤，有刺、少刺或无刺；枝条生长旺盛、直立，树形多抱头状，树姿紧凑，成枝力较强，当年生新梢上部绿色，下部为红棕色；以中短果枝结果为主。奇数羽状复叶，叶片较小，小叶数 7～19 枚，黄绿色或深黄绿色，披针形，叶缘钝锯齿状。雌雄异株；复总状花序，花量大，雌花具雌蕊 1～3 枚，雄花具雄蕊 5～6 枚，花粉多；果实鲜红色，椭圆形或圆形，表面油点小而密，呈凹陷状。花期 4～5 月，果实成熟期 9～10 月；种子黑色，长椭圆形，顶部较尖，每果多为单粒种子。

原产日本，为日本花椒的主栽种，育有许多无刺品种。喜温暖、湿润的气候，耐寒性、耐热性中等，抗病能力强，喜保水性强、排水良好的壤土或沙壤土。我国有引种，但在黄河以北地区不能自然越冬。

此外，崖椒亚属的青花椒也有当作青椒栽植：

青花椒（*Z. schinifolium* Sieb. Et Zucc.）。俗名山花椒（辽宁）、小花椒、王椒（安徽），香椒子（湖南、四川），狗椒（四川），山甲、隔山消（广西），崖椒、天椒、野椒。灌木，高 1～2m；茎枝有短刺，刺基部两侧压扁状，嫩枝暗红色。奇数羽状复叶，小叶 7～19 片；小叶纸质，对生，几无柄，位于叶轴基部的常互生，其小叶柄 1～3mm；小叶宽卵形至披针形，或阔卵状菱形，长 5～10mm，宽 4～6mm，稀长达 70mm、宽 25mm；叶渐尖，基部圆或宽楔形，两侧对称，油点多或不明显，放大镜下可见叶面细短毛，叶缘有细裂齿或近于全缘，中脉中部以下凹陷。花序顶生，花或多或少；萼片及花瓣均 5 片；花瓣淡黄白色，长约 2mm；雄花退化雌蕊甚短，2～3 浅裂；雌花有心皮 3 个，少有 4 或 5 个。成熟果实红褐色，直径 4～5mm，顶端几无芒尖，油点小；种子直径 3～4mm；干果皮暗苍绿或黑色。花期 7～9 月，果熟期 9～12 月。

产五岭以北、辽宁以南大多数省份，但未见于云南。见于平原至海拔 800m 山地疏林或灌木丛中或岩石旁等生境。果皮可作调味花椒代品，名为青椒。根、叶及果均入药，味辛，性温，有发汗、驱散、止咳、除胀、消食功效。西部省份有栽植，但规模远不及竹叶花椒；日本、朝鲜也有栽植。

我国花椒属树种除上述之外，还有：

樗叶花椒（椿叶花椒）（*Z. ailanthoides* Sieb. et. Zucc.）、多异叶花椒（*Z. ovalifolium* Wight var. *multifoliolatum*）、刺异叶花椒（*Z. ovalifolium* var. *spinifolium* Huang）、朵花椒（*Z. molle* Rehd.）、花椒勒（*Z. scandens* Bl.）、蚌壳花椒（蚬壳花椒、山枇杷）（*Z. dissitum* Hemsl.）、刺壳椒（*Z. echinocarpum* Hemsl.）、毛刺壳椒（*Z. echinocarpum* Hemsl. var. *Tomentosum* Huang）、刺

花椒（*Z. acanthopodium* DC.）、毛刺花椒（毛岩椒）（*Z. acan-thopodium* DC. var. *timbor* Hook.）、刺椒树（小花花椒、刺辣树）（*Z. micranthum* Hemsl.）、大花花椒［*Z. macranthum*（Hand. – Mazz.）Huang］、浪叶花椒（*Z. undalatifolium* Hemsl.）、勒搅花椒［*Z. avicennae*（Lam.）DC.］、大叶臭椒（*Z. myriacanthum* Wall. ex Hook. f.）、两面针花椒（上山虎、入地金牛、光叶花椒）［*Z. nitidum*（Roxb.）DC.］、狭叶花椒（*Z. stenophyllum* Hemsl.）、微柔毛花椒（*Z. pilosulum* Rehd. et. Wils.）、西藏花椒（*Z. tibet-anum* Huang）、墨脱花椒（*Z. motuoense* Huang）、多叶花椒（*Z. multijuqum* Franch.）、毡毛花椒（*Z. tomentollum* Hook. f.）、柄果花椒［*Z. simulans* Hance. var. *podocarpum*（Hemsl.）Huang］、石山花椒（*Z. calcicola* Huang）、元江花椒（*Z. yuenkiangense* Huang）、西畴花椒（*Z. xichouense* Huang）、山枇杷（*Z. dissitum* Hemsl.）、尖叶花椒（*Z. oxyphyllum* Edgew）、高山花椒（*Z. hamiltonianum* Wall. ex Hook. f.）、刺砚壳花椒（*Z. dissitum* Hemsl. var. *hispidum* Huang）等。

（二）花椒品种

1. 花椒品种分类体系

我国花椒种质资源十分丰富，有悠久的栽培利用历史。经过人类长期选择，各地选择出很多自然变异产生的优良类型。由于花椒属植物多为无融合生殖，其变异很容易通过实生繁殖固定下来，并经过繁殖和扩散，形成具有相当栽培规模的区域性优良品系（农家品种）。如陕西关中一带自战国时期即有的"椒中之王"秦椒，著名的凤县凤椒，韩城及周边地区的狮子头和黄帽，川陕一带的川椒，主产于山东鲁中南山区的大红袍、小红袍、白沙椒等，主产于重庆、四川一带的九叶青、顶坛花椒等。

近年来，我国花椒科研工作者通过对花椒产区开展广泛调查筛选，选育出一批优良花椒品系（农家品种），并通过了各级行业部门的审定，诞生了一批花椒优良品种。如甘肃省天水市选育的'秦安1号'，陕西省林业技术推广总站选育的'南强1号'、'无刺椒'及'狮子头'，西北农林科技大学选育的'凤选1号'和'小红冠'，山东农业大学选育的'少刺大红袍'和'早熟大红袍'等新品种。此外，河北省林业科学研究院引进了'琉锦山椒'、'朝仓山椒'、'葡萄山椒'、'花山椒'等一批日本花椒品种，进一步丰富了我国栽培花椒的种质资源。

然而，长期以来，在我国花椒育种和生产栽培中，缺少可行的花椒品种分类方法和分类体系，导致种质不清、命名方法混乱、同名异物和同物异名十分严重，把植物分类学上的花椒种和变种、农家品种（群）和通过审定的花椒良种混为一谈，极大影响了我国花椒育种工作的开展和良种的推广应用，在很大程度上制约了我国花椒产业的发展。为此，亟待建立我国栽培花椒的品种分类体系，规范我国花椒品种命名方法。

鉴于我国栽培花椒种质利用历史和现状，现提出我国花椒品种的分类体系。该分类系统包括2个级别：第一分类级别为花椒品种大类和亚类；第二分类级别为花椒品种群；第三类分类级别为花椒品种，包括农家品种和审定（认定）品种。

（1）花椒品种大类和亚类

品种大类和亚类主要依据花椒品种的所属种别、生物学特性及商品特征的显著差异进行分类。据此，分为青花椒（青椒）和红花椒（红椒）两大类。

①青花椒与红花椒：青花椒（不包括红椒类品种着色前采收的青花椒）包含竹叶花椒（*Z. armatum* DC.）及其原变种（*Z. armatum* var. *armatum*）2个种内的农家品种（群）和品种。该类花椒的商品椒皮呈绿色或黄绿色，香味淡而麻味重，在烹饪佐料中用于增加辛麻味。

红花椒主要包含花椒（*Z. bungeanum* Maxim.）及其原变种（*Z. bungeanum* var. *bungeanum* Maxim.）2个种内的农家品种（系）和品种，此外也包含其他种，如毛叶花椒（花椒变种）（*Z. bungeanum*

28

Maxim. var. *pubescens* Huang）和野花椒（*Z. simulans* Hance.）等野生或栽培的优良类型或农家品种（系）。该类花椒的商品椒皮呈红色，味香而麻，在烹饪佐料中用于增加芳香和辛麻味。该类花椒又根据成熟期、形态特征和椒皮辛香风味的显著差异，进一步划分为伏椒和秋椒 2 个亚类。

②伏椒与秋椒：伏椒产于陕西、甘肃和四川一带，如秦椒、川椒、凤椒等均属于伏椒。该亚类品种叶片阔卵形或圆形，叶缘有粗裂齿，果实成熟期 7～8 月，干制的椒皮稍小，但色泽艳丽，呈鲜红、紫红或洋红色，椒皮芳香和辛麻成分含量高，商品形状极佳。

秋椒产于陕西、山东、河南、河北等地，如大红袍、小红袍、香椒籽、枸椒、白沙椒等均属于秋椒。该亚类品种叶片阔披针形或卵圆形，叶缘有细裂齿或全缘，果实成熟期 9～10 月，干制椒皮或大或小，色泽较暗淡，呈暗红色或淡砖红色，椒皮芳香和辛麻成分含量中等或偏低，商品形状佳或中等。

（2）花椒品种群

我国花椒栽培利用历史悠久，现有的很多花椒地方品种名称，如陕西、甘肃、四川等地普遍习惯称谓的秦椒、川椒，以及全国红椒产区通称的大红袍等，由于地域范围太广，种质复杂，各地相同名称的花椒品种的形态、习性和品质差异很大，不具备栽培品种对其特性（特征）的一致性要求，不能视为品种。因此，这种品种称谓方式应属于品种群范畴，不属于品种范畴。花椒品种群指的是花椒产区具有相似商品性状的一类花椒种质，不是具有特定形态、习性和商品性状的花椒品种。

（3）花椒品种

花椒品种是指具有相同或相近形态特征、生长发育特性、生态习性和商品性状的花椒栽培种质，包括花椒农家品种和经过专门机构审定（认定）的花椒良种。花椒农家品种是花椒产区在长期花椒栽培历史中，由历代椒农选择并规模化栽培形成的具有遗传稳定性和一致性状的地方优良花椒品种。

花椒品种命名要规范，命名中要充分体现品种重要特点、特征和特性，又要体现地域或历史信息。对农家品种进行命名时，品种名不加注引号，如产于陕西凤县的凤椒、产于韩城的黄帽等。经国家和地方专门机构正式审定（认定）的花椒良种，品种名要加注单引号，如'九叶青'、'秦安 1 号'、'无刺椒'、'狮子头'、'少刺大红袍'、'早熟大红袍'等。

为避免发生混淆，各地在对同一农家品种群的农家品种命名时，应在品种名称前冠以地域名称。如分布在甘肃、陕西和四川的秦椒，可分别定名为甘肃秦椒、陕西秦椒、四川秦椒；同样，分布在陕西、山东、山西、河北的大红袍可分别定名为陕西大红袍、山东大红袍、山西大红袍、河北大红袍。

2. 花椒主要品种群

①川陕花椒：又名大金花椒、山花椒等。是由川陕花椒（*Z. piasezkii* Maxim.）种内的所有农家品种组成的品种群，归属红椒类伏椒亚类，主要分布于甘肃、陕西两省南部及四川北部，灌木或小乔木，高 1~3m，枝茎节短，各部无毛。皮刺多而直伸，基部增大。小叶 7~17 片，小叶很小，长仅 0.3~2.5cm，宽仅 0.3~0.8cm，圆形、倒卵形或斜卵形，无柄，上半部边缘有细钝齿。花序顶生或腋生。花期 4~5 月，果期 6~8 月，成熟果实紫红色，有少数凸起油点，直径 4~5mm，种子直径 3~4mm。

②秦椒：又名凤椒、蜀椒。是由花椒原变种（*Z. bungeanum* var. *bungeanum* Maxim.）内的农家品种和品种组成的品种群，归属花椒种红椒类伏椒亚类，主要分布于陕西、甘肃、四川等地，是我国栽培广泛、经济价值较好的农家品种群，属于红椒类伏椒亚类。此类品种皮刺基部宽扁，小叶 6~9 片，卵形、卵状矩圆形至卵圆形，边缘有细钝齿。花序顶生。花期 4~5 月，果期 6~10 月。成熟果实表面密生疣状腺点，浅红色至紫红色。

③大红椒：又叫油椒、二性子、大花椒、二红袍等。是由花椒（*Z. bungeanum* Maxim.）及其原变种（*Z. bungeanum* var. *bungeanum* Maxim.）内的农家品种和品种组成的品种群，归属花椒种

红椒类伏椒亚类。各主要产区都有栽培，但以四川汉源、泸定、西昌、乐山、宜宾、内江、重庆等地栽培较多。树势中庸，分枝角度大，树姿开张。一般树高2.5～4.5m，在自然条件下呈多主枝半圆形或多主枝自然开心形。多年生枝干灰褐色，1年生枝褐绿色。皮刺基部宽扁、尖端短钝。随着枝龄的增加，皮刺常从基部脱落。叶片较宽大，呈卵状矩圆形。叶面蜡质层较薄，叶色较大红袍浅，腺点明显。结果枝微下垂，果柄较长、较粗，果穗松散，每穗结实20～50粒。果粒中等大小，果实纵横径5.6mm×5.0mm。果面疣状腺点多而明显。8月中下旬果实成熟，为中熟品种。果实成熟后鲜红色，果皮厚，干果皮呈酱红色，麻香味浓郁，品质上乘。鲜果千粒重70g左右，一般3.5～4.0kg鲜椒可晒1kg干椒皮。该品种喜肥水，在土壤肥沃的立地上生长的树体高大、稳产性好，最高株产鲜椒可达60kg。抗逆性强，丰产、稳产性好，麻香味浓，品质上乘。在肥水条件差的立地条件下也能正常地生长和结实。

④大红袍：又叫狮子头、狮子椒、大花椒，是花椒（*Z. bungeanum* Maxim.）及其原变种（*Z. bungeanum* var. *bungeanum* Maxim.）内的多数农家品种组成的品种群，包含许多优良的农家品种，如韩城大红袍、武都大红袍、莱芜大红袍等，以及审定良种，如‘狮子头’和‘南强1号’（韩城）、‘少刺大红袍’和‘早熟大红袍’（莱芜）、‘梅花椒’（甘肃）、‘林州红’（甘肃），归属红椒类秋椒亚类，是我国栽培面积最广、种质资源最丰富的实生农家品种群，主要分布在山东、山西、陕西、河北、河南、甘肃等省。树势健旺，树高3～5m，树姿开张，分枝角度小，枝条较稀疏，粗壮。在自然生长条件下，树形多为主干圆头形或无主干丛状形。1年生枝新梢紫绿色，果枝粗壮，多年生枝灰褐色。皮刺较稀少，大或小，基部宽厚，随枝龄增加，皮刺逐渐减少。皮孔椭圆形。小叶5～9（11）片，长卵圆形或广卵圆形，叶尖渐尖，叶色浓绿或深绿，叶片较厚而有光泽，表面光滑，油点较窄、不明显，叶面蜡质层厚、质脆。果穗紧密或松散，果柄长0.5～1cm。粒中大，每穗40～60粒，多者100余粒。蓇葖果直径5～6.5mm，鲜果千粒重75

～92g，干椒枝千粒重 17～21g。花期 4 月，果熟期 8～9 月，成熟果实紫红色或大红色，椒皮红色、淡红色或暗红色，出皮率 26%～32%。该品种生长快，结果早，3 年生普遍结果；丰产性强，盛果期株产椒皮 2.5～3.5kg。喜肥水，抗旱，抗寒性较弱或较强，适于较温暖的气候和较肥沃的土壤。

⑤小红袍：又名小椒子、米椒、香椒子等，是花椒（*Z. bungeanum* Maxim.）及其原变种（*Z. bungeanum* var. *bungeanum* Maxim.）所构成的农家品种群，归属红椒类秋椒亚类，主要分布于山东、河北、河南、山西、陕西各省。树体较矮小，树姿开张，分枝角度大，盛果期大树高 2～4m。1 年生枝褐绿色，多年生枝黑棕色，皮孔黄白色，圆形，枝细软易下垂。皮刺较小，稀而尖利，对生，两侧夹角 130°～160°。叶片较小而薄，色较淡。果粒小，直径 4～4.5mm，鲜果千粒重一般 58g 左右，出皮率 28%。成熟的果实鲜红色，晒制的椒皮颜色鲜艳，红色或紫红色。果皮密生疣状油点，麻香味浓，品质上乘。每果穗 68 粒左右，果粒不整齐，成熟期不一致，成熟后椒果易开裂，需及时采摘。8 月上中旬成熟，为早熟品种。子卵圆形、黑色、有光泽，一果一粒种，少数为两粒，种子直径约 3.3mm。该品种适应性强，耐干旱瘠薄，结果早，产椒皮率高，是瘠薄山丘地及梯田、堰边栽植的优良品种。

⑥枸椒：又名青皮椒、臭椒、狗椒，是花椒（*Z. bungeanum* Maxim.）及其原变种（*Z. bungeanum* var. *bungeanum* Maxim.）所构成的农家品种群，归属红椒类秋椒亚类，在山东、河北、山西、河南等省有栽培。树势强健，分枝角度小，树姿半开张，树高一般 3～5m。1 年生枝褐绿色，多年生枝灰褐色。皮刺大而稀，多年生枝上的皮刺从基部脱落。果枝粗短、尖削度大。叶片小而窄、叶面蜡质、浓绿有光泽，腺点不明显。果穗大，果柄较长，0.5mm 左右，果穗较松散。果实圆形或近圆形，果实较大或大，直径 5～6.5mm，果梗基部略显突起。鲜果千粒重 60～87g，出皮率 24%～30%，干椒皮千粒重 19～22g。果实成熟鲜果红色扁黄，略带臭味；干椒皮暗红色，臭味减轻，品质转好。9 月中下旬成熟，成熟

后果皮不开裂，采收期长。该品种丰产性强，单株产量高，喜高肥水，不耐瘠薄，品质较差，可适宜发展。

⑦白沙椒：又名白里椒，是花椒（*Z. bungeanum* Maxim.）及其原变种（*Z. bungeanum* var. *bungeanum* Maxim.）所构成的农家品种群，归属红椒类秋椒亚类，河北、河南、山东、山西、陕西等省栽培较多。树姿开张，分枝角度大，树冠近圆头形，盛果期大树高 2.5～5.0m。1 年生枝皮刺大而稀，多年生皮刺常易脱落。小叶较大，叶轴及叶背稀被小刺，叶面腺点明显。成熟期 8～9 月。果实圆形，大小与大红袍花椒品种近似，鲜果千粒重 75g 左右，成熟果实淡红色，果梗较长，果穗蓬松。内果皮晒干后呈白色，"白沙椒"或"白里椒"名称即由此而来。果味芳香，出干椒皮率 25％左右。丰产性强，产量稳定，无大小年结果现象。在立地条件较差的地方，也能正常生长。

⑧竹叶花椒：由青花椒类的竹叶花椒（*Z. armatum* DC.）及其原变种（*Z. armatum* var. *armatum*）的所有种质组成，包括农家品种和审定品种（详见竹叶花椒及其原变种），归属青花椒类，近年来选育出许多优良品种，如'九叶青'、'藤椒'等。

3. 花椒主要优良农家品种

①凤椒：分布于陕西凤县及周边地区，又称凤县大红袍，属于红椒类伏椒亚类农家品种。树势强健，分枝角度小。树高 3～5m，新生枝皮及其皮刺呈棕红色，刺宽大较密；多年生枝棕褐色，具白色、大而稀的皮孔。叶片深绿色，较厚，叶面凹凸不平，叶缘锯齿状，不平整。果粒大，形具"双耳"。成熟果实艳红色，易开裂。果肉厚，椒皮干制率 20％～25％。果面油腺发达，麻香味浓郁。果实 7 月中下旬成熟，品质上乘。果皮挥发油中 σ-蒎烯成分显著高于韩城大红袍，并含特有的 β-水芹烯、乙酸冰片酯、3-甲基-6-（1-甲基乙基）-2-环己烯-1-醇等成分，药用价值高于韩城大红袍。该品种丰产性强，喜肥抗旱，但不耐水湿、不耐寒，适宜在海拔 300～1 800m 的干旱山区和丘陵梯田、台地、坡地和沟谷阶地上栽培。

②韩城大红袍：分布于陕西韩城及周边地区，属于红椒类秋椒亚类农家品种。落叶灌木或小乔木，树势强健，栽培条件下树高2～3m。老龄枝干黑棕色，瘤状刺大而稀疏。小叶7～11片，果柄较短，果穗紧凑，成熟果实深红色，粒大，果皮厚，香辛味浓郁。果实8月中下旬成熟。喜温，耐旱，不耐涝，抗病力较强，适宜年降水量600mm、海拔1 000m以下低山丘陵栽植。

③莱芜大红袍：分布于山东泰沂山区，是山东省花椒栽培的主栽农家品种，属于红椒类秋椒亚类农家品种。树势强健，分枝能力强，树冠扩展快，老龄枝干黑褐色，小枝灰褐色，1年生枝红褐色。小叶7～11片，深绿色，平展，卵状椭圆形，先端钝尖，叶缘有细裂齿，正反面无刺，长2～3cm，宽1.5～2.5cm，叶柄短。果穗中大，较紧凑，果柄0.5cm左右，每穗结果20～60粒。成熟果实红色，干制椒皮大红色至淡红色，椒皮香辛味适中。花期4月上旬，果实成熟期9～10月，椒皮干制率25%～30%。耐干旱瘠薄，较耐寒耐水湿，在贫瘠沙石山盛果期维持到25年生，石灰岩山地可维持到30年生。

④武都大红袍：甘肃武都地方品种，当地称为二红袍，属于红椒类伏椒亚类农家品种。生长势强，树姿直立，枝条开张角度小。枝干灰色或灰绿色，皮刺小而稀疏，叶柄及叶脉均无刺。叶片蜡质层较厚、叶色深绿。果柄短，果穗紧实，果粒较大，腺点大而稠密，果实深紫色，成熟果皮不易开裂。6年生树平均株产3.4kg，较梅花椒味淡，抗涝抗病性较差。武都地区7月中旬至8月上旬成熟。武都大红袍于2013年通过甘肃省林业厅第七次林木良种审定。

⑤文县大红袍：产于甘肃文县，属于红花椒类秋椒亚类农家品种。树势中庸，树姿开张。多年生枝干深灰色，皮刺少。小叶呈阔卵圆形，叶片浅绿色，蜡质层薄。果穗大而松散，平均穗粒数40个。8月上中旬成熟，较稳产。

⑥秦安大红袍：产甘肃秦安县，当地又称伏椒，属于红椒类伏椒亚类。树势强健，枝条开张角度较大，萌芽力强，成枝力较差。多年生枝干深灰色，皮刺小。小叶卵圆形，叶色深绿色，蜡质层

薄。果柄短，果穗大，紧实成串，果实腺点较大，密且突出。果实成熟后红色，丰产性好。8 月下旬成熟。

⑦茂县大红袍：分布于西北部，阿坝藏族羌族自治州东南部岷江河中上游海拔 1 300～2 600m 的山地，是"西路花椒"的代表品种，属于红椒类伏椒亚类农家品种。7～8 月成熟，果形粒大而均匀，果皮色泽红亮，油囊密生，鼓实，开口大，内果皮光滑呈淡黄色，香气浓郁持久，麻味醇正，果实粒大油重，在市场上享有盛誉。

4. 审定（认定）的主要花椒良种

(1) '秦安 1 号'

甘肃省天水市林业局从当地大红袍实生群体中选育，当地椒农称为"串串椒"或"葡萄椒"，属于红花椒类伏椒亚类品种，1995年通过甘肃省林木良种审定。该品种主干明显，树势强壮，分枝角度较小，能自然形成圆锥形或半开心形树形，侧枝 3～6 个，丛生枝和徒长枝少，结果枝多，短枝比例 90％以上。小叶 9～11 枚，大而肥厚，叶色浓绿，边缘锯齿处腺体明显，叶正面有一大突刺，叶背面有不规则小刺。皮刺大而稀疏。果穗大而紧凑，每果穗粒数120 以上，平均 150 粒左右。7 月底至 8 月初成熟。喜深厚肥沃土壤，耐涝、耐寒、耐旱性强，冬季耐－18.9℃低温。丰产性强，8年生盛果期树株产椒皮 4.73kg。

(2) '狮子头'

该品种由陕西省林业技术推广总站与韩城市花椒研究所从韩城大红袍农家品种中选出，2005 年陕西省审定品种，红花椒类秋椒亚类品种。树势强健、紧凑，新生枝条粗壮，节间稍短，1 年生枝紫绿色，多年生枝灰褐色。小叶 7～13 片，叶片肥厚，钝尖圆形，叶缘上翘，老叶呈凹形。果梗粗短，果穗紧凑，平均每穗结果 50～80 粒，多达 150 粒。果实 9 月中旬成熟，直径 6.0～7.5mm，成熟时红色或淡红色，干制椒皮大红色或深红色，鲜果千粒重 90～100g，干制率 36％～38％。物候期稍晚，发芽、展叶、显蕾、开花、果实着色期较当地大红袍推迟 10d 左右，成熟期推迟 20～30 天。该品种耐干旱、瘠薄、抗逆性强。品质优，椒皮可达特级花椒等级标准。

（3）'无刺椒'

该品种由陕西省林业技术推广总站与韩城市花椒研究所从韩城大红袍农家品种中选出，2005 年陕西省审定品种，红花椒类秋椒亚类品种。树势中庸，枝条较软，结果枝组易下垂，新生枝灰褐色，皮刺随树龄增长逐年减少，盛果期当年抽生枝条几乎无刺。小叶 7～11 片，叶色深绿，叶面较平整，卵状矩圆形。果柄较短，果穗较松散，每果穗结果 50～100 粒，最多可达 150 粒，幼壮龄树梅花椒比例高；果实 8 月中下旬成熟。果粒中大，直径 5.5～6.0mm，成熟果实浓红色，干制椒皮深红色，鲜果千粒重 85～93g，出皮率 25% 左右。同等立地条件下较韩城大红袍增产 25% 左右。椒皮可达特级花椒等级标准。该品种耐旱、耐寒、抗性强。

（4）'南强 1 号'

2005 年由陕西省林业技术推广总站与韩城市花椒研究所从韩城大红袍农家品种中选出，陕西省审定品种，属于红花椒类秋椒亚类品种。树体较高大，树势强健，树姿紧凑，枝条粗壮，尖削度较大，新生枝棕褐色，多年生枝灰褐色。老龄枝干皮刺大而稀疏；小枝硬，直立性强，深棕色，节间较长，结果枝粗壮，皮刺稀少，常退化。小叶 9～13 片，叶色深绿，卵状长圆形或广卵圆形，叶缘有细圆锯齿，叶较尖，表面光滑，腺点明显。果柄较短，近于无柄，果穗紧凑，平均每果穗结果 30～60 粒，最多可达 180 粒。成熟期 8 月中下旬至 9 月上旬，成熟的果实不易开裂。果实大，直径 5～6.5mm，成熟果实浓红色，鲜果千粒重 80～90g，成熟期较韩城大红袍晚 5～10d。干制椒皮深红色，品质优，可达特级花椒等级标准。

（5）'凤选 1 号'

由西北农林科技大学从凤县大红袍花椒种质中选出，于 2016 年 7 月 7 日通过了陕西省林木品种委员会的审定（良种证书编号：

陕 S-ST-ZF-003-2016）。"凤选 1 号"果实 7 月中旬成熟。成熟
果实深红色、果柄短，果面密生突起腺点，果穗平均穗粒数 52 粒，
果实干皮千粒重 22g，出皮率 26％，挥发油含量 4.4mL/100g，醇溶
性提取物含量 25.1％，乙醚提取物含量 13.1％。果实成熟后麻香味
浓郁、品质上乘。该品种喜土质疏松的沙壤土或壤土。建园后第 6
年进入盛果期。盛果期亩产干椒皮 90kg，较对照提高 10％以上。花
期能耐-2～-1℃的低温，抗病虫能力较强。

（6）'少刺大红袍'

由山东农业大学选育和济南市林业局在莱芜大红袍农家品种群
体中选出的实生芽变品种，2017 年通过山东省林木良种委员会审
定，属于红花椒类秋椒品种。树体紧凑矮小，树势强健，栽培条件
下成龄树株高 2～3m，冠幅 3～4m。果期大树茎干皮刺脱落，多年
生枝有稀疏短刺，果枝多数皮刺退化缺如，偶见存留皮刺小且平
展，采收工效较当地主栽品种大红袍提高 2 倍以上。果序大而紧
凑，坐果能力强，单果序坐果 20～87 粒。果实成熟时深红色或朱
红色，果皮腺体发达，成熟心皮 2～3 个，或为 1 个。种子直径
4.0～4.5mm。花期 3 月中旬，果熟期 8 月下旬至 9 月上旬，较当
地主栽品种大红袍晚熟半月。果穗大而整齐，果粒多、易于采摘。
椒皮朱红色，出皮率 30％，椒皮含挥发性芳香油 3.72％，香气浓
郁。种子含油量 30％。5 年生单株产鲜果 1.8kg，干椒皮 0.53kg，
椒皮出皮率 29.71％。10 年生单株产鲜花椒 12.5kg，较同龄大红
袍高 37.4％，干椒皮产量高 46.5％。耐干旱瘠薄，丰产稳产性强。

（7）'早熟大红袍'

由山东农业大学选育和济南市林业局在莱芜大红袍农家品种群
体中选出的实生芽变品种，2015 年通过山东省林木良种委员会审
定，属于红花椒类秋椒品种。成龄大树树高 3～4m，冠幅 3m。复
叶柄有狭翅，并有小皮刺，复叶长 13～17cm；小叶大而薄，小叶
为 7～11 枚，叶片卵形，长 2.6～7.5cm，宽 2.2～4.2cm，基部宽楔
形，先端渐尖，边缘有浅锯齿，侧小叶无叶柄。聚伞状圆锥花序顶
生，花被 4～8 片，雄花具蕊 5～7 枚，雌花子房无柄。花序长度约

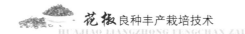
25cm，每个花序上着生 50～150 个小花不等。果序大，坐果 28～65
个，早熟，成熟期 7 月下旬至 8 月上旬。成熟果实绛红色，密生粗
大而凸起的腺体，成熟心皮 2～3 个，或为 1 个。椒皮含挥发性芳
香油 4.53％，香气异常浓郁。耐阴，喜肥水，耐旱性稍差。

(8) '林州红'

河南省林州市林业局从当地大红袍农家品种中选育，2009 年
通过河南省林木品种审定（豫 S‑SV‑ZB‑014‑2008），属于红花
椒类秋椒亚类。树形为多主枝圆头形或开心形，盛果期树高 2～
3m，树姿半开张，树势强健、紧凑、分枝角度小。树枝褐色，皮
刺大而稀少，基部宽厚。小叶 5～11 片，叶缘锯齿状，卵圆形，深
绿色，蜡质较厚。果穗紧密，每穗平均坐果 30～50 粒。果实表面
疣状腺点粗大，果粒直径 5.0～6.5mm，果梗短。成熟果实深红
色，晒干椒皮紫红色，鲜果千粒重 100g，制干率为 26.7％，香气
浓郁，麻味持久，果实成熟期 8～9 月，成熟果实不易开裂，采摘
期长。幼树期生长旺盛，新枝粗壮，萌芽率高，成枝力强，3 年生
幼树结果，5 年生单株鲜果 5.46kg，10 年生株产干椒 3.0～
3.5kg，最高株产可达 6kg，结果期可维持在 30 年以上。由于椒果
颗粒大，色泽艳丽，品质上乘，在市场上颇受消费者欢迎。幼龄
树耐寒性较差，在倒春寒年份花序易受到冻害，栽植于贫瘠土壤
易形成"小老树"。

(9) '梅花椒'

也叫大红椒，甘肃武都花椒研究所从当地武都大红袍农家品种
实生群体中选育，属于红椒类伏椒亚类，2015 年通过甘肃省林木
良种审定。肉厚，粒大，色泽饱满，因商品花椒常有数朵椒皮聚生
一起状如梅花而得名。该品种树生长势强，树形紧凑，枝条开张度
小。多年生枝干灰色或灰绿色，皮刺小而疏。叶片宽大，蜡质层较
厚、浓绿色，叶面腺点多而大。果穗紧实，果粒较大，平均果实千
粒鲜重 92g。成熟时果皮全部变红，油腺凸起，果实深紫色，果皮
不易开裂，果柄短。干制椒皮常 3～5 朵集聚，呈梅花状，故名。
味道浓厚，品质好，6 月下旬到 7 月中旬成熟。

（10）临夏刺椒

该品种自甘肃临夏回族自治州花椒实生群体中选育，因果实成熟后易开裂，当地农民也叫"伏椒""炸椒"，属于红椒类伏椒亚类，2007 年通过甘肃省林木良种审定。生长势较强，树姿开张，萌芽力、成枝力强。枝干灰绿色或灰褐色，皮刺基本呈倒三角形，密集。叶片薄软细小，叶色深绿。果柄短，果穗松散，果粒小而密，果皮表面密布小腺点。7 月上旬成熟，花期早，易受冻。麻味浓，品质高，但产量较低，抗旱、耐瘠薄。果实晒干后开口向上。

（11）'小红冠'

西北农林科技大学自当地大红袍品种群众选育的实生优系，2010 年通过陕西省林木品种委员会的审定。当年生枝条绿色，1 年生枝条褐绿色，多年生枝灰绿色，皮刺较发达。叶片较小且薄，叶色淡绿。果实直径 4.5～5.3mm，每果穗果粒数 60～70 个，单株椒皮 2.0～2.5kg。果实 8 月中旬至 9 月上旬成熟，成熟时鲜红色，椒皮红色鲜艳，麻香味浓郁，品质上乘。对土壤适应性强，对土壤酸碱度要求不严。在土壤含水量 9.0％～10.2％立地条件下能正常开花结果，产量稳定；具有较强的抗寒耐旱性。病虫害少。

（12）'无刺椒 1 号'

河北省林业科学研究院从涉县王金庄乡花椒园中筛选出的无刺（少刺）单株，通过嫁接形成的优良株系，2009 年通过河北省林木良种委员会审定。树姿较直立，枝条稀疏，萌芽力和成枝力较差。新梢黄绿色，一年生枝褐绿色，皮孔稀而少；叶片较大，小叶 5～9 枚；果实圆形，果皮鲜红色。平均穗粒数 27.5 粒，鲜果千粒重 80.9g，椒皮千粒重 19.5g，出皮率 24.1％。耐干旱、瘠薄，具有优质、丰产、抗逆性强等优点。

（13）'无刺椒 4 号'

河北省林业科学研究院从韩城大红袍实生苗中筛选出的少刺单株，然后通过嫁接形成的优良株系，2009 年通过河北省林木良种委员会审定。树势健壮，半开张，主干灰褐色。小叶 3～9 枚，叶片较大，肥厚。果实圆形，腺点大而明显，成熟时鲜红色。平均穗

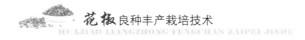
粒数 77 粒，鲜果千粒重 94.2g，椒皮千粒重 21.3g，出皮率 22.61％。8 月 15 日成熟。皮刺特别少，丰产、稳产、大粒、优质，麻香味浓。

（14）'九叶青'

重庆江津区科技人员培育的青花椒优良品种。因叶柄上有 9 片小叶而得名。半常绿至常绿灌木或小乔木，高 3～7m，树皮黑棕色或绿色，上有许多瘤状突起。奇数羽状复叶，互生。小叶 7～11 枚，卵状长椭圆形，叶缘具细锯齿，齿缝有透明的油点，叶柄两侧具皮刺，叶片厚而浓绿。1 年生枝紫色，2 年生枝褐色，皮刺橙红色至褐色。在四川江津，一般 2 月上中旬萌芽、2 月下旬至 3 月初盛花，3 月上中旬花谢。聚伞状圆锥花序顶生，单性或杂性同株。果实为蓇葖果，果皮有疣状突起。6 月下旬至 7 月初果皮成熟，成熟时绿色。8 月下旬至 9 月初种子成熟，每果含种子 1～2 粒。种子圆形或半圆形，黑色有光泽。11 月下旬进入休眠期。一般栽后 1～2 年可开花结果，3～4 年进入丰产期，丰产期持续 15 年以上。该品种喜温，果实清香，麻味纯正，对土壤适应性广，耐贫瘠。在年降水量 600mm 地区生长良好，树势强健，生长快，2 年生即开花结果，株产鲜椒 1kg，3 年生单株可产鲜椒 3～5kg。

（15）'汉源无刺花椒'

四川农业大学选育，青花椒类品种。树形呈丛状或自然开心形，树高和冠幅 2～5m。树皮灰白色，幼树有突起的皮孔和皮刺，刺扁平且尖，中部及先端略弯，盛果期果枝无刺。小叶叶片表面粗糙，卵状长椭圆形且先端尖，叶脉处叶片有较深的凹陷，叶缘有细锯齿和透明油腺体。花为聚伞圆锥花序腋生或顶生。果穗平均结实数量为 45 粒，果实直径平均为 5mm，果柄稍长，果皮有疣状突起半透明腺体。成熟果实鲜红色，干后为暗红色或酱紫色，麻味浓烈，香气纯正，干果皮平均千粒质量为 13.1g，挥发油平均含量为 7.16％，明显高于其他品种。花期 3 月下旬至 4 月上旬，果实成熟期 7 月中旬至 8 月中旬（较当地其他品种提前半月成熟），10 月下旬开始落叶。定植 2～3 年后可开花挂果，6～7 年丰产，树势中庸，枝条萌蘖强，树势易复壮，丰产和稳产性好，抗旱和抗寒能力强，能适应干热、干旱及高海拔地区。正常管理条件下每平方米树冠投影面积鲜椒产量 1.26kg，丰产和稳产性好。

（16）'汉源葡萄青椒'

四川农业大学选育，青花椒类品种。树高和冠幅 2～5m。小叶披针形至卵状长圆形，3～9 片，叶缘齿缝处有油腺点。枝条柔软，呈披散形。树干和枝条上均具有基部扁平皮刺；树势偏强，呈丛状或自然开心形。聚伞状圆锥花序腋生或顶生，花期为 3～4 月，果穗平均长 9.8cm，平均结实 73 粒。果粒大，皮厚，平均直径 5.6mm，果实表面油腺点明显，呈疣状。果实成熟期 6～8 月下旬，种子成熟期 9～10 月。成熟果实青绿色，干后为青绿色或黄绿色，种子成熟时果皮为紫红色。干果皮平均千粒质量 18.91g。定植 2～3 年后开花结果，6～7 年进入盛产期，每平方米树冠投影面积鲜椒产量 1.33kg，连年结实能力强且稳产性好，抗旱、抗病和抗寒能力较强，适宜高海拔山地栽培。

（17）'藤椒'

四川农业大学从当地竹叶花椒农家品种群中选育，2015 年通过四川省林木品种审定委员会审定（S－SV－ZA－001－2014），为青花椒类品种。树冠圆头形，高 2～3m，冠幅 3～5m，树势强健，树干、枝条具坚硬皮刺，皮刺通常呈弯钩状斜生，枝条披散、延长若藤蔓状，树皮暗灰褐色。萌芽力、成枝力强，耐修剪。小叶 3～9 片，偶见 11 片，披针形或卵圆形，较大，有香气。花单性，花被 4～8 片，单轮排列，心皮背部顶侧有较大油点。花柱分离，向背弯曲。聚伞状圆锥花序，多腋生，偶见侧枝顶生。花期 4～5 月。蓇葖果多单生，偶 2～3 个集于小果梗上，果皮油点凸起，未成熟时青绿色，成熟后暗红色，成熟期 9 月上中旬。果粒较大，香气浓郁，麻味醇厚，品质优。早实丰产能力强，单株产量最高 25kg；在湿润寡日照气候下生长良好。定植 2 年成型，开花结实，4 年进入丰产期，亩产鲜椒 400～600kg。适宜四川盆地、盆周丘陵山区及相似地区，海拔 1 200m 以下，pH5.5～7.5，土壤为沙壤、紫色土、黄壤等立地条件。

（18）'琉锦山椒'

属于山椒（*Z. piperitum* DC.），由河北省林业科学研究院从日本引种选育而成，2009 年通过河北省林木良种委员会审定。树姿较直立，枝条细长、密集，抱头状生长。萌芽力和成枝力均强，新梢上部绿色，下部为棕色，皮孔多而密，枝条尖削度大；小叶 9～17 枚，叶片较小。树皮光滑、无刺。果实椭圆形，幼果绿色，成熟果红色。平均穗粒数 58 个，鲜果千粒重 74.86g，椒皮千粒重 16～18g，出皮率 22.71％。早花、早果能力特强，坐果率高，丰产、稳产。

（19）'葡萄山椒'

属于山椒（*Z. piperitum* DC.），由河北省林业科学研究院自日本引种选育而成，2006 年通过河北省林木良种委员会审定。树形杯状形，树姿较开张，生长势中等，有少量皮刺，皮孔多而密。一年生枝条灰褐色，新梢顶端小叶略红。小叶对生，叶片较小，小叶 11～17 枚，沿叶轴微向内纵卷，叶片边缘锯齿明显；果实椭圆形，果皮鲜红色。平均穗粒数 34 粒。果实较大，果皮较厚，鲜果千粒重 94g，椒皮千粒重 17～23g，出皮率 22.3％。果皮精油含量高，每 100g 椒皮含精油 8.0～12.3mL。早果丰产性强。

（20）'朝仓山椒'

属于山椒（*Z. piperitum* DC.），由河北省林业科学研究院从日本引进、驯化选育而成，2006 年通过河北省林木良种委员会审定。树姿较直立，枝条密集，萌芽力和成枝力强，新梢上部绿色，下部为棕色；树皮光滑，无刺，皮纹纵裂小而密，皮孔稀少；小叶 9～13 枚，对生，叶片较大。花朵较小，柱头短，紫红色。平均穗粒数 28 粒。果实圆形或椭圆形，果皮紫色或鲜红色，鲜果千粒重 57.1g，椒皮千粒重 12.7g，出皮率 25.73％。每 100g 椒皮含精油 6.0～10.7mL。

（21）'花山椒'

属于山椒（*Z. piperitum* DC.），由河北省林业科学研究院从日本引种选育而成，2006 年通过河北省林木良种委员会审定。树形圆头形，树姿较直立。枝条粗壮，尖削度小，皮孔多而密，表皮纵裂明显，呈长条状。无皮刺。小叶 13～15 枚。叶面光滑，新梢嫩叶黄绿色，顶端红褐色。叶片中等大小，向内纵卷明显。萌芽力、成枝力较强。容易成花。主要作为葡萄山椒、朝仓山椒、琉锦山椒等品种的授粉树。

四、花椒的生物学特性和 生态学特性

（一）花椒生物学特性

1. 花椒年周期生长发育过程

花椒3月底至4月初芽体膨大，4月上旬萌芽、抽梢、展叶、显蕾，4月下旬至5月下旬为花期，5月底至6月底为果实膨大期，6月中旬春梢延长生长停滞，7月中旬至8月初果实着色，8月上旬至10月上旬果实成熟，11月中旬落叶休眠。

不同产地和不同品种之间，其年生长发育过程差异很大。同一品种，春梢延长生长期约60d，花期持续时间约30d，果实膨大期持续时间25～30d，果实发育期120d，整个生育期约210d。

2. 生长根系与枝梢的特性

（1）根系的分布及生长特征

花椒为浅根系树种。1年生苗为须根根系，少见粗大主根；2年生后形成粗大主根和侧根；定植后主根生长减弱，侧根发达，须根尤多。盛果期大树，一般根展为树体冠幅的3～4倍。吸收根主要分布在15～30cm内的土层中，水平分布在树冠投影的2～4倍。在土壤深厚肥沃的立地条件下，花椒根系垂直和水平生长范围广，生长健壮，抗病力强，寿命和丰产期长。沙石山生长的花椒树，根系能够沿母质垂直裂隙向下生长；页岩类土壤上生长的花椒树，根系只能沿表层水平延伸，干旱年份花椒树死亡。

根系萌动时间早于地上部枝芽萌动15～20d。据常剑文等对涉

县索堡镇南沟村 12 年生花椒树（*Z. bungeanum* Maxim.）调查，3
月 10 日前后，10cm 土温达 3～5℃时，根系开始萌生新根。花椒
树一年根系有 3 次生长高峰，第一次在 3 月 8～12 至 4 月 10～12
日，前后约 30d，这次发根多为前一年幼根顶端分生的白色吸收
根。第二次生长高峰自 5 月初开始到 6 月中旬，此次生长高峰发根
量大，生长速率高。这时生长的新根一种为生长根，较粗，生长量
大，最长 7.8cm，具有分生吸收根的能力；另一种为吸收根，侧生
于生长根上，一般长 12cm，34 周后新根颜色变为淡黄色。第三次
生长高峰在果实采收后的 9 月下旬至 10 月下旬，这次发根量少，
新根生长量也小，多为当年幼根分生的吸收根。

（2）枝梢的类型及生长进程

花椒枝条分为发育枝、结果枝、结果母枝、徒长枝 4 种类型。
盛果期大树，除主侧延长枝和内膛徒长枝外，发育枝极少；丰产、
稳产的盛果期花椒树以长、中果枝结果为佳。

发育枝抽生于健壮母枝的中上部，或短截枝的上部，生长量中
庸，第二年抽生发育枝和结果枝。发育枝生长过于强旺，则不能形
成花芽开花结果。生长季节可采取摘心措施，促进抽生二次枝，控
制旺长，促进花芽形成。新梢于 4 月上旬日平均温度达 10℃左右
时开始生长。一年中有二次生长高峰：第一次从展叶（4 月 12～18
日）至坐果后（5 月 20～24 日）；第二次自果实停止生长（6 月
25～30 日）到 8 月上旬，之后生长转缓，9 月中旬停止生长。枝条
的加粗生长也有二次生长高峰，与伸长生长同时出现，只是加粗生
长停止晚些。

结果枝为当年抽生的新梢，抽生于健壮发育枝的中下部，或较
弱发育枝的上部，或上年结果枝的中上部，当年形成顶生花序开花
结果。结果枝的结果能力与结果母枝的生长势有关，健壮结果母枝
抽生的结果枝结果能力强，反之则弱。结果枝的结果能力也与结果
枝自身的生长势有关：粗度 0.5cm 以上、长度 10cm 以上的结果
枝，果序大，坐果能力强；粗度小于 0.3cm、长度小于 5cm 的结
果枝，果序坐果能力差。结果枝生长期短，18～20d，一般从 4 月

10 日到 5 月 8 日盛花期时停止生长。结果初期的花椒树营养生长旺盛，以中果枝、长果枝结果为主。进入盛果期后，枝条的成花能力很强，一般生长在中庸发育枝中上部的芽子，或结果枝上部的芽子，均能形成花芽。结果枝的长度和粗度与单果穗结果粒数、连续结果能力等成正相关。

结果母枝为着生花芽的一类枝条，由上年的结果枝和发育枝转化而来，来年抽成结果枝开花结果。花椒枝条具有连续结果能力，当年的结果枝中上部侧芽能够继续分化形成花芽开花结果，形成结果枝组。结果母枝和结果枝组的结构能力与其生长势有关，细弱短小的结果母枝或结果枝组，结果能力差。因此，在花椒采收和修剪过程中，应及时疏除细弱的母枝和枝组，并结合短截和摘心措施，培养健壮母枝和枝组，提高坐果能力。

徒长枝为多年生枝不定芽萌发而成，通常抽生于大树枝干和衰老树基部，对外围大枝重度回缩也能刺激抽生徒长枝。徒长枝抽生后持续生长，直至霜降落叶，全年生长量可达 1.5m 以上，甚至 2～3m。由于徒长枝直立生长，不但消耗了当年树体营养，自身也很难形成结果枝组。因此，生长季节发现抽生徒长枝，应及时抹除或从基部疏除。空间和方位适宜的幼龄树，可以及时摘心，促其抽生二次枝，缓和生长势，当年即可形成花芽，第二年抽枝结果；成龄花椒园枝梢交接率过大时，可进行主枝回缩，并对抽生的徒长枝适度拉枝或短接（摘心），培养新的枝组。衰老花椒树可利用徒长枝进行更新。

3. 开花结实特性

（1）花椒生殖特性

花椒属除了野花椒（*Z. simulans* Hance.）和日本花椒（*Z. japonica*）这两个种之外，其余大部分种为孤雌生殖（无融合生殖）。

Desai（1962）曾对 4 个种的花椒属植物进行研究，结果表明花椒属植物不需要传粉受精便能自发形成胚乳和胚。无雄株的栽培花椒和有雄株的野花椒都属于无融合生殖，典型的蓼型胚囊发育类型可形成具有 8 核的成熟胚囊（刘映红等，1987），并以专性的无融合生殖方式产生种子繁殖后代，无融合生殖率为 25%（常建军等，1988）。对藤椒生殖方式的研究过程发现，套袋隔离后可以结实且在花柱脱落前未发现成熟胚囊，花粉的存在可能会促进果实生长，但不是源于受精作用，故有性生殖的可能性较小（张海霞，2017）。由此说明，花椒以产生珠心胚的方式形成种子进行繁殖后代，其发生的机制是有性生殖胚囊发生退化解体，游离核型胚乳由两个极核自发形成，无须受精作用，珠心胚原始细胞便可自发形成、分裂，向胚囊腔内移动，依附于胚乳的周围，由胚乳为胚胎的后期发育提供营养。为避免物种的灭绝，在缺乏雄株的情况下，珠心胚的发生是物种在进化过程中的适应。

研究发现，当花柱枯萎脱落时，胚珠内特化的珠心胚原始细胞开始形成，并在之后的发育过程中移向胚囊内腔。解剖发现，在大孢子母细胞减数分裂形成四分体过程中，以及胚囊形成期间均会发生退化解体现象，如果后期的发育过程中胚乳细胞停止发育，珠心胚细胞便会发生解体。研究还发现，植物激素信号转导途径在胚囊形成之后明显下调表达，生长素以及乙烯的含量降低，表明植物激素在珠心胚发育中具有重要作用。

（2）花芽分化进程

据观察，花椒花芽分化过程大致可分化为未分化期、分化始期、花序分化前期、花序分化中期、花序分化后期、花蕾分化期、萼片分化期和雌蕊分化期 8 个阶段。

花椒的花芽为混合芽，花芽分化始于 6 月上旬。在未分化前，首先形成果枝雏梢，生长点外侧分化出 2~5 个复叶原基。这一时期与叶芽的形态相似，其生长点狭窄而呈弧形，细胞排列致密。6 月 7~20 日生长点逐渐变宽、增大并突起，呈半圆形，处于分化始期。之后半球体状的生长点逐渐伸长，原生组织呈"八"字形，此为圆锥状花序总轴原基，其四周出现数个小水泡状突起，并逐渐伸长增多，为花序二级轴、三级轴分化期。花序原基四周二级轴出现时间为 6 月 18 日，10d 后就有 40% 花序总轴原基周围产生二级轴。

6月28日至7月上旬进入花蕾分化期，花序原始体继续伸长，分轴顶端产生数个弧状小突起，为花朵原始体，花朵原始体随花序原始体伸长而分离。萼片分化期出现在7月9日至8月上旬，花蕾原始体外侧产生小突起，并逐渐伸长向内弯曲，产生花萼原始体。花萼分化完成后，花器分化处于停顿状态，并以此状态越冬。翌年2月18日至3月底，花蕾原始体萼片间弧面变宽，出现2～4个半透明小突起，此为子房原始体。子房原始体逐渐发育，在顶端形成奶头状小突起至柱头原始体。此后芽体开始萌动，分化过程全部结束。

观察发现，花椒4月中旬遭受晚霜冻害后，当年萌发抽生的新梢枯死，随后副芽萌发抽枝，并在短期内分化形成花芽开花坐果。二茬花结实率略低，椒粒较小，成熟期较头茬花椒晚20d左右。

（3）开花坐果特性

栽培花椒的大部分种类和品种为孤雌生殖（无融合生殖），所结果实具有单性胚，能够萌发形成植株，并完全保持亲本性状。

花椒花芽为混合芽，萌发后抽生带有顶生花序的结果枝，少部分种类兼具顶生和侧生花序。一般定植2～3年即可开花结果，5～6年进入盛果期，盛果期20～30年。花椒寿命和盛果期维持时间长短，因种类和品种及立地条件而异。例如枸椒寿命可达40年，而大红袍寿命30年左右。同为大红袍品种，生长于青石山盛果期可维持到25年以上，而生长于沙石山的仅能维持到15～20年。

花椒花期4月中旬前后，花期包括显蕾、初花、盛花、末花等阶段，整个花期持续25～30d。

花单性，开花过程中子房横径逐渐增大，花柱和柱头变色脱落后，子房横径达到初开时的2～3倍。果实为蓇葖果，横径4.5～6.5mm，表面密布油腺腺点。种子1～2粒，卵状籽粒，黑色种壳坚硬且种子内部富含胚乳，含1～6个大小不等的胚。同一品种花期持续约20d。有的花椒品种具二次开花坐果的特性，二次花果多着生在健壮的长果枝顶芽抽生的一次枝上。一般二次花6月下旬至7月上旬开放，花期晚50d左右，成熟期迟30d左右。二次果虽坐果率高，发育快，但数量少，形不成产量。蕾期或花期如果气温下降到 4℃以下并出现霜冻时，嫩梢和花序遭受冻害，随后枯萎脱落。发生晚霜冻害时，一般枝条不会发生冻害，其上副芽随后萌发抽生枝条，来年可正常结果；部分品种，如莱芜大红袍，遭受冻害后当年副芽萌发抽生的枝条能够开花结果。

观察发现，花椒花序上的小花数量与种类和品种有关，青花椒类品种的小花数量少于红花椒类品种，红花椒中的伏椒亚类品种小花数量少于秋椒亚类品种数量。但是，树势和母枝及结果枝的生长势对小花数量影响更大。长势健壮的幼壮龄树，或生长在良好立地条件下的花椒树，或肥水管理措施到位树势健壮的花椒树，其花序上小花数量远远多于长势衰弱的花椒树；而健壮母枝或健壮果枝上花序的小花数量也远远多于细弱母枝或细弱果枝。

（4）果实发育进程

花椒坐果后经过短期的相对静止状态以后，于 5 月上中旬转入幼果迅速膨大期，持续大约 1 个月后果实膨大转入缓慢增长阶段，此期种皮开始硬化，种子逐渐成熟；此后，果实膨大停止，果皮缓慢加厚，果实开始着色；大约 30d 后果皮开裂。

果实膨大初期遇到干旱，常发生严重的生理落果和果实发育停滞现象。停滞发育的椒粒不能跟随正常果实同期膨大，成熟期不能发育成正常大小果实，形成"闭椒"。干旱年份或土壤贫瘠的椒园，或遭受严重病虫害树势衰弱的椒园，"闭椒"比例增加。干旱瘠薄山地粗放管理的椒园，"闭椒"比例可能达到 20％以上。

（5）落花落果

花椒落花落果严重。落果一年发生两次：第一次在 5 月底至 6 月初，落果占全部落果数的 90％以上；第二次在 7 月上、中旬前后，落果提前着色，完全变红后脱落。

落花原因可能是无融合生殖特性所伴随的内源赤霉素水平低下有关，落果原因主要是营养和水分供应不充足发生的生理性落果。观察发现，大多数品种单个花序有小花 100～300 朵，但在整个花期和果实发育期落花落果现象十分严重。调查发现，花椒落花率一般 70％～80％，落果率一般 50％～60％，整个花序的坐果率仅为

5%～10%。

调查发现，花期和果实膨大期遭遇干旱，或暴发严重虫害，导致落花落果加重。一些长期忽视病害防治的椒园，每年10月份之前叶片基本完全脱落，这些椒园尽管着生椒穗不少，但结果枝组、结果母枝和结果枝细弱，每个果穗结花椒平均不足10粒，不但产量低、品质差，而且大幅度增加了采摘用工成本。而丰产椒园的普遍特点是树势健壮，结果枝组、结果母枝和结果枝粗壮，每个椒穗花椒粒数平均超过40粒。

现有研究证明，造成花椒落花落果的主要原因并非授粉受精不良，而是花期和果实发育期由于气候和环境不适所引发的生理性落果。通过合理水肥管理和病虫害防治，以及通过合理修剪确定合理的结果负载量，能明显提高花椒坐果率，使得花椒果穗增大，采收工效提高。

（二）花椒生态习性

花椒是一种耐干旱瘠薄的树种，但立地条件好的环境下花椒树生长健壮，寿命长，产量高，品质好。因此，作为经济林栽培，为获得较高的产量和品质，则必须选择能够满足花椒生长和开花结果必需的立地条件。

1. 土壤

花椒对土壤的适应性强，由石灰岩、页岩和片麻岩风化形成的微酸性、中性或微碱性的壤土、黏壤土、沙壤土，以及轻度盐碱土均适应花椒栽培，土层深厚、排水良好的冲积土或水分条件较好的黄土更适宜花椒生长结果。在立地条件较差的沙石山具有深厚母质层的粗骨质土或石灰岩裸岩缝隙中也能生长结果。通常情况下，栽培于沙石山的花椒由于土壤保水保肥性能差，花椒生长势弱，产量低，容易发生早衰；而生长于石灰岩的花椒，由于土壤保水保肥能力强，树势较强，结果量多，寿命较长。

深厚肥沃的土壤是实现椒园连年丰产的基本条件。山丘区营建花椒园，需要经过整修梯田和局部大穴状整地，加深土壤厚度，为花椒生长和丰产奠定基础；现有瘠薄山地椒园，要通过逐年深翻扩穴施肥，辅之压土垫园，加深土层厚度，为提高花椒生长势实现连年丰产稳产奠定基础。

花椒根系主要分布在60cm深的土层内。因此，一般土层厚度30cm以上、经过深翻整地和挖穴，局部土层厚度达到60cm以上，就能满足花椒生长结果的需求。但土层越深厚，越有利于花椒根系的生长，而强大的根系会使树体地上部生长健壮，结实多，从而提高椒果产量和品质。如果土层过浅，则会限制和影响根系的生长，同时引起地上部生长不良，形成"小老树"，导致树体矮小、早衰、低产。土层厚度小于30cm的山丘坡地营建椒园，应通过深挖大穴、砌堰客土，局部加深土层厚度，满足花椒生长对土肥水条件的需要。

土壤质地对花椒根系的分布、根系生长、根系对土壤中水分和养分的吸收都有重要影响。一般疏松的土壤孔隙度适中，土壤中空气含量适宜，有利于根的延伸生长。因此花椒根系喜欢生长于质地疏松、保肥性和通气性好的土壤。沙壤土质地好，最适宜花椒生长。在一般的沙土、轻壤土、轻黏土上虽然也可种植花椒，但在沙性过大、或石砾含量过多、或土壤过于黏重的土壤上，花椒树生长势弱，容易早衰。

土壤水分：花椒不耐涝。地表短期积水或土壤长期滞水导致根系腐烂，树体死亡。土壤长期水分过饱和，导致花椒须根死亡，叶片泛黄脱落，树体逐渐死亡。花椒采收期遇阴雨连绵天气，晾晒不及时容易产生椒皮霉变，影响产品质量。一般当土壤含水量低于10%时，花椒叶片会出现轻度萎蔫，低于8%时出现重度萎蔫，低于6%时会导致叶片焦枯，持续严重干旱则植株死亡。

2. 地形地势

花椒栽植多在低山丘陵。山丘区地形复杂，不同的地形地势引起光、热、水资源在不同地块上的分配，对花椒的生长和结果产生较大的影响。其中坡度、坡向和海拔高度是主要的影响因子。坡向通过影响光照和水分条件对花椒的生长结果产生影响。花椒为阳性树种，一般阳坡、半阳坡比阴坡光照时间长而充足，温度也高，因此花椒在阳坡和半阳坡上生长结实比阴坡好。但在干旱半干旱的地区，由于水分成为花椒生长发育的主要制约因子，而阴坡水分状况比阳坡和半阳坡好，因此阴坡花椒的生长结实往往会略好于阳坡或半阳坡。坡度和坡位通过影响土层厚度、土壤肥力和土壤水分条件对花椒的生长结果产生影响。一般情况下，缓坡和坡下部的土层深厚，土壤肥力和水分状况较好，花椒生长发育也好。而陡坡和上位坡土层浅薄，土壤肥力和水分条件较差，花椒的生长发育也较差。海拔高度不同，光、热、水、风、土壤条件等也会不同，对花椒的生长发育会产生不同的影响。一般随着海拔升高，紫外光增加、温度降低、热量下降、风力增大，花椒生长量和产量会降低。但较高海拔的椒园，由于昼夜温差大，干物质积累多，较低海拔的椒园所产椒皮颜色更红。花椒在太行山、鲁中南山地和胶东半岛、吕梁山等地区分布在800m以下，在云贵高原、川西山地多分布于海拔1 500～2 600m。在秦岭以南花椒多分布于海拔1 500m以下，而在秦岭以北则多分布于1 300m以下。

3. 光照

花椒是强阳性喜光树种，一般要求年日照时数在1 800～2 000h。光照充足，则花椒树体发育健壮、病虫害少、产椒量高。反之，则枝条生长细弱、分枝少、挂果少、病虫多、产量低。在花椒开花期如果光照充足，花椒的坐果率会明显地提高。若花期遭遇连续阴雨天气，则会造成大量落花落果。特别是7、8月份，当花椒进入着色成熟期时，充足的光照有利于光合产物的积累，能促进果皮增厚，使着色良好、品质提高。此时如果光照不足，则会导致果穗小、果粒瘪、色泽暗淡、品质差。就一株树而言，因树冠外围光照充足，所以外围枝花芽饱满，坐果率高，成熟期较早。内膛光照不足，所以，内膛枝花芽瘦小，坐果少，成熟期相对较晚。若内膛长期光照不足，就会引起内膛小结果枝枯死，结果部位外移。因此，在建园时要考虑当地的日照时数，做到密度适宜，保证树冠获得充足的光照。在栽培管理上，应注意整形修剪，加强通风透光，促进树冠内外结果均匀。

4. 温度

温度是气候因素中最重要的因素，对花椒的生长发育有着重要的影响。花椒是喜温的树种，不耐寒，在我国年平均气温为 8～16℃ 的地区均能栽培生长，但在平均气温为 10～15℃ 的地区最适宜栽培。大红袍花椒全生育期平均为 150d，≥0℃ 积温为 3 005～3 245℃。在年均温低于 10℃ 的地区，虽然也有栽培，但常有冻害发生。花椒休眠期幼树能耐 -18℃ 的低温、大树能耐 -20℃ 的低温。冬季极端温度低于 -18℃ 或 -20℃ 时，花椒幼树或大树就可能会受冻，发生枝梢抽干甚至整株地上部分死亡。当日平均气温稳定在 6℃ 以上时，花椒芽开始萌动。日平均气温达到 10℃ 左右时，开始抽梢。花椒花期适宜的日平均温度为 16～18℃，开花期的早晚与花前 30～40d 的平均气温、平均最高温度密切相关，气温高时开花早、气温低则开花晚。花椒果实发育适宜的日平均温度为 20～28℃。春季气温的高低对花椒产量影响较大，在北方地区，清明节过后，当花椒进入发芽、抽梢和开花期，如果气温下降至 4℃ 以下并出现晚霜"倒春寒"，造成花椒嫩芽和花序受冻常造成花器受冻，当年大幅度减产，甚至绝产。2013 年 4 月 6 日夜间和早晨，我国北方地区大幅降温，一些地区大气温度甚至降到 -2℃，致使花椒嫩枝和花序冻成"冰棒"，日出后嫩枝和花序萎蔫，不久就变成焦黑色，冻害严重的地区受害面积占到了 80% 以上。2019 年 4 月 12～14 日，山东鲁中南山区连续发生两次降温，气温分别下降至 2℃ 和 4℃ 并出现霜冻，此时花椒已经萌芽抽梢并形成花序，霜冻过后新梢全部变黑枯死。花椒发生"倒春寒"与椒园所处地形地势有关，一般沟谷、山前洼地发生严重，阳坡较阴坡严重。花椒遭受"倒春寒"害一般不会发生枝干枯死，气温回升以后，枝梢上的隐芽萌发抽枝，甚至形成二次花，成熟期较正常开花坐果花椒延迟 20d 左右。在春季寒冷多风地区定植建园时，应为椒园营造防风林或风障，以防止花椒树受冻，提高早期生长温度。

5. 水分

我国各花椒主产区具有相似的春夏降水特征，即在花椒开花坐果期进入旱季。

花椒抗旱性较强，对水分需求不高，一般年降水在 600mm 以上且分布均匀，就可基本满足花椒自然生长的水分需求，但充足的水分条件有利于花椒生长，提高产量和品质。在年降雨 500mm 以下的地区，只要在萌芽前和坐果后各灌 1 次水，也能基本满足花椒生长和结果的水分需求。

我国北方各花椒产区具有相似的春夏降水特征，即在花椒开花坐果期进入旱季，并且一直持续到 6 月底或 7 月初雨季到来。春末夏初干旱是导致花椒大量落花落果、产量品质大幅度下降的主要原因。如果干旱发生在 5～6 月的春夏之际，则造成花椒坐果率大幅度降低，造成果穗稀疏，形成大量没有膨大的小粒"闭椒"；如果干旱发生在果实膨大期的 6～7 月份，则果实小，产量降低；如果干旱发生在 8～9 月份，则造成成熟前落果。由于花椒根系分布较浅，因而难以忍耐长期持续干旱。2019 年我国北方各花椒产区普遍遇到大旱，没有水浇条件的山丘区椒园，不仅产量大幅度降低，而且造成大量叶片干枯脱落，甚至发生成片椒园枯死的现象。因此，土层浅薄的山丘区营建花椒园，必须加大整地和挖穴深度，促进根系伸展，提高抗旱能力，在干旱发生的年份，要及时在花期和果实膨大期浇水，以防因干旱影响树体生长，造成产量和品质下降。

五、花椒育苗技术

（一）播种育苗

花椒为无融合生殖，通过播种育苗方法培育的实生苗，能很好地保持亲本优良特性。例如，采集无刺花椒品种的种子培育的苗木，结果后皮刺逐渐退化并消失。因此，生产中花椒以播种育苗为主，即利用花椒优良品种或优良单株的种子进行繁殖苗木。花椒播种育苗生产中，出苗率、苗木生长量、合格苗比例与种子质量和处理方法、播种技术和苗期管理措施有关。

1. 种子采收、调制与贮藏

（1）种源地和采种母树选择

培育花椒优良品种（或农家品种）苗，要从优质花椒产区选择优良品种的 7～15 年盛果期椒园采种，或者在椒园内选择生长健壮、果穗大而整齐、椒粒大而饱满、色泽艳丽、辛麻和香味浓郁的单株优良品种作为采种母树。异地采种，要从气候相似的花椒产区采种，以确保培育的苗木能够适应当地气候。

需要注意的是，采用播种育苗培育砧木、然后嫁接培育无性系良种苗木，可在当地采集种子，尤其应选择抗逆性强的品种种子，如枸椒（又称臭椒），以确保培育的品种苗根系发达，抗旱、抗寒、耐涝能力强，寿命长。

（2）采种时期

适时采种是保证种子质量的关键。种子采摘过早，种子干物质积累少，种胚成熟度差，含水率过高，导致种子发芽率低。若采摘过晚，种子易脱落，给采种造成困难。种子采收时期对发芽率有很大影响。生产中，一般掌握这样一个恰当采种时期，即当椒园或椒树上花椒完全着色成熟并发现有少量花椒果皮开裂露出黑色种子时，为花椒育苗采种的最佳时期。用于育苗采种的椒园，需要专门预留，不可与商品花椒同时采摘晒制。

本书选择莱芜大红袍花椒，自8月初着色开始每间隔10d采集一次种子，研究了不同采种时期对种子发育和发芽率的影响，结果表明（表5-1），随着采种日期的延迟，种子千粒重和有胚率逐渐增大，种子活力、实验发芽率和大田出苗率逐渐增大并在8月30日达到最大值，之后略有下降。说明莱芜大红袍花椒播种育苗的最佳采种时期为8月30日，此期该品种已经完全着色，但果皮尚未开裂。同时发现，采种过晚，并不能明显提高种子质量和发芽率（出苗率）。

表 5-1　采种时期对种子成熟度和发芽率的影响

采收期	种子千粒重 (g)	有胚率 (%)	生活力 (%)	发芽率 (%)	出苗率 (%)
8月1日	21.12	51.76	54.25	9.50	0
8月10日	22.23	56.00	69.25	16.75	13.57
8月20日	23.00	65.00	78.25	23.00	13.95
8月30日	26.26	77.50	84.25	28.00	17.43
9月10日	26.55	80.50	81.50	24.25	16.49

（3）种子调制

留作育苗采种的花椒，采收后要放在干燥通风的室内或阴凉通风处摊晾，厚度3～4cm，每天翻动2～3次，待果皮开裂后敲打，使种子和种皮分离，取出种子。继续阴干3～4d后即可装入布袋存放或在干燥处堆放，存放期间要每隔5～10d摊晾一次，及时散失水分和热量，防止种子发热霉变。

用于育苗而采摘的花椒，切忌在阳光下暴晒，尤其不能在水泥、沥青等硬化地面上直晒，也不能机械烘干或在火炕上烘干，否则降低发芽率，甚至完全不能发芽。生产中发现，采用水泥地上暴晒的花椒种子，播种后出苗率极低；而经过机械烘干或在火炕上烘干的种子，则完全不能出苗。

将种皮分离后的花椒种子倒入水缸中，去除漂浮的空瘪粒和果梗、叶片等杂质，将种子在室内晾干。不同产地的种子，或者采收期不同的种子，水选率差异也很大。一般种子水选率为40%～60%，好的种子水选率可达80%以上，差的种子不及20%；采种期过早漂浮粒比例高，完全成熟的种子则漂浮粒比例低。经水选的种子，每千克5.5万～6万粒，千粒重16～22g。

（4）种子质量检验

为了准确判断种质量、确定合理的播种量，需要对采集或购买的种子进行质量检验。种子质量检验分为目视检验法和染色检验法。

不同品种的种子成胚率和发芽率差异很大。各地大红袍种子一般发芽率为20%～30%，山东山亭大红袍种子发芽率达60%以上，韩城的无刺椒发芽率不及5%。

①表观检查法：一是看种子光泽，外观较暗、无光泽的种子为阴干种子，质量好；外观光滑、有光泽的种子，为晒干或烘干种子，质量差。二是看种阜，种阜处组织疏松、似海绵状的为阴干种子，质量好；种阜处干缩结痂的为晒干或烘干种子，质量差。

②种胚观察法：用刀片将种子切开，观察种胚有无、饱满程度及色泽。完全没有种胚或种胚干瘪大小如小米粒状的种子，完全不能发芽；种胚饱满、呈白色、组织紧凑的种子，是阴干种子，质量好，发芽率高；种胚呈黄色或黄褐色的种子，是晒干或烘干种子，或是长期堆放发热霉变的种子，或是陈旧种子，不能发芽。

③种胚染色法：用解剖刀将种子切开，置于0.1%TTC（2，3，5-氯化三苯基四氮唑）溶液中，室温下1～2h观察种胚颜色，如果种胚被染色（红色）则为有活力的种子，不能染色的种子是没

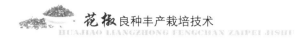

有生命力的种子。或者将切开的种子置于红墨水中，1～2h 观察种胚颜色，被染成红色的是死亡种子，不被染色的种子是有活力的种子。

（5）种子贮藏

花椒种子的贮藏方法分为干藏法和湿藏法。具体方法有：

①制饼干藏法：这种方法是花椒产区椒农最常用的种子贮藏方法。其具体做法是：将 1 份种子与 3 份黄土混合，加水搅拌制成种坯，或将种子、黄土、草木灰按 1∶2∶1 比例混合，加水搅拌制成种坯，阴干后置于通风、干燥、阴凉处码放。播种时将土坯敲碎，撒入播种沟内即可。

②室内干藏法：将净种后的种子装入布袋，置于干燥通风的室内存放。大量种子贮藏，可存放于专门的种子贮藏恒温库中。贮藏期间要时常检查摊晾，防止种子受潮霉变。

③沙藏法：此法适用于大量种子贮藏。其具体做法是：将干燥种子在空旷干燥通风室内堆放，堆放过程中要经常翻倒种堆，防止种子发热霉变。12 月上中旬土壤上冻前，在背风向阳处选排水良好的地方挖沟，沟深 80cm，宽 100cm，长度视种子多少而定。沟底先铺 5～10cm 厚的湿粗沙，按种沙比 1∶2 的比例，将温碱水（浓度 2%～3%，温度 25～50℃）中搓洗脱蜡的种子混匀后填入，中间插入草把通气，上覆 20cm 湿沙。

2. 育苗地选择、整地与作床

（1）育苗地选择

选择花椒育苗地应考虑如下几方面的因素：

①位置：育苗地应建在交通方便的地方，以便于苗木的运输；另外，要就近育苗，便于栽植，这样可减少运输的麻烦，降低建园成本，并避免苗木因运输造成机械损伤和根系失水，提高栽植成活率。

②地形：育苗地要选择在排水良好、有灌溉条件的平地或坡度不大于 5°、背风向阳的缓坡地。平地地下水位应不高于 2m，

坡地应背风、向阳。严禁在山顶、风口、低洼积水及陡坡地育苗。

③土壤：应选择肥沃、疏松、土层深厚的沙质土壤、壤土或轻壤土，土壤应为 pH7～8 的中性或微碱性土壤。土壤质地以沙壤土或轻度黏壤土为宜。

（2）整地与作床

整地有利于形成土壤团粒结构，保持土壤疏松透气，促进深层土壤熟化，提高土壤肥力。育苗地整地包括如下几方面的工作：

①耕耙：育苗前要对土地全面深耕 25～30cm。耕地时间根据土壤、气候条件和育苗季节而定。一般秋季育苗实行秋耕，随耕随耙，要求耙平、耙透，达到平、松、匀、碎。春季播种可实行秋耕或春耕。秋耕后，可在翌春"顶凌"耙地。

②施肥：施肥能有效改善土壤结构，提高土壤肥力，促进苗木生长。施入农家土杂肥，可在耕地前将肥料均匀撒施在地表，翻耕入土中，每亩施肥 5～10t；施入优质有机肥和化肥，应在耕作床后，将肥料均匀撒施在畦面上，然后旋耕入土中，每亩施有机肥 2～4t，施磷肥 50～100kg 或复合肥 25～50kg。

③作床：根据育苗地土壤质地和雨季排水情况确定育苗床类型。一般壤土或沙壤土、地下水位适中、雨季不发生积水的育苗地，可整平床；土壤黏重或雨季排水不畅的育苗地，应整高床。床面宽 120～150cm，长度不超过 25～30m，畦埂（沟）宽 40～50cm，平床畦埂高 20～30cm，高床畦沟低于床面 30cm。地块过长，应断成数节，中间开挖排水沟。畦埂或畦沟可作为步道，适当加宽有利于方便育苗地管理。育苗地四周应开挖排水沟，以便雨季及时排除积水。

④土壤处理：为了防止土壤病虫害，应在播种前 5～7d 进行土壤处理。土壤处理的方法是：将药剂均匀撒施于畦面上，旋耕入土。土壤灭菌喷洒 1%～3% 的硫酸亚铁（每平方米喷洒 3.0～3.5kg），杀灭土壤害虫可喷洒 5% 西维因（每亩 4.0～4.5kg）。

3. 催芽与播种

(1) 种子催芽

花椒种子种壳坚硬，外层具有较厚的蜡质层，不易吸胀，发芽困难。无论春秋季播种，播种前均需要浸种催芽。采用泥饼干藏的种子，春季敲碎后直接播种，无须催芽。一些花椒产区，将晾晒花椒后收取的种子不加处理随即在大田播种，尽管发芽率较低，但通过加大播种量也能满足出苗量的要求。

常见的花椒种子催芽方法有：

①温水浸水催芽法：将干藏种子倒入 2‰～3‰温碱水（50℃）搅拌搓洗，脱去种子表面蜡质，然后在清水中浸种 7～10d，每天更换一次清水，令种子充分吸水后（吸胀）进行秋播。或将吸胀种子继续在 25℃下盖湿纱布催芽，每日清水淘洗数次，连续催芽 2 周观察到大量种子露白后春播。

②阳畦混沙催芽：此法适用于春季播种。2 月底或 3 月初，在背风向阳处开挖催芽池，深度 50cm，底部铺洁净湿润河沙，将上述浸种吸胀的种子或冬季沙藏种子混沙置入催芽池内，上部平铺黑色地膜，然后搭小拱棚连续催芽 10d 左右即可发芽。

③沙藏层积催芽：此法适用于春季播种，方法同种子沙藏法。春季 3 月下旬，检查越冬沙藏种子发芽情况，当发现 1/3 种子露白后即应及时播种。

(2) 播种季节

花椒春秋季节皆可播种，春旱地区适宜秋季播种。

①秋季播种：秋播适用于春旱地区旱地花椒育苗。花椒自采收制种以后到冬季土壤上冻之前，皆可播种。播种后应及时镇压和灌水，上冻前要浇封冻水。有条件的情况下，秋播种子应提前进行温碱水脱蜡处理；但花椒产区也有椒农常常直接播种干种子。由于秋季播种减少了种子储藏和催芽等一系列环节，播种后种子在土壤中自然完成吸胀和低温诱导过程，因此，秋播花椒出苗期较春播提早 10～15d，出苗整齐，生长期长，苗木高、径生长量

大，根系发达，合格苗比例高。但据山东农业大学研究，春、秋不同季节播种，对大田出苗率、苗木高、径生长量没有显著影响。

此外，秋季播种易遭受鸟兽取食种子，造成缺苗断垄，为此建议采取相应的保护措施，如播种后镇压、药剂拌种等，并适当推迟至土壤上冻前播种，同时增加播种量20%。

②春季播种：由于春季气温和土温回升快，花椒播种后发芽出苗期短，遭受鸟兽危害轻，故春播花椒节省种子。春季播种需要注意几个问题：一是播种时间应尽量提早，一般土壤化冻后即可播种；播种过晚发芽时间推迟，气温上升，容易发生猝倒病（立枯病）。二是花椒春播一定要用催芽（露白）种子，不可以直接播种未催芽的干种子（泥饼干藏种子可以直接播种），否则发芽时间推迟，出苗率低。三是土壤墒情要适宜，土壤墒情不足时，播种5～7d前应灌水造墒；但无论土壤墒情如何，播种时一定要先在播种沟内浇底水，播种覆土后2～3d轻轻镇压，以确保种子与土壤密切接触。四是播种后到发芽出苗期尽量不要大水漫灌。

（3）播种方法与播种量

大田花椒育苗宜采用开沟条播，不宜采用撒播；播种行尽量采用南北行向。

播种前适当镇压播种床，镇压后按照40～50cm的行距，用窄幅镢头开浅沟，沟深3～4cm，将种子均匀撒入沟底，覆土2～3cm（秋播略深，春播略浅）。播种后2～3d，沿播种行适度镇压，以确保种子与土壤密切接触。

需要强调的是，秋季播种，如果土壤墒情适宜可以不浇底水，等待上冻前灌大水即可；春季播种则要开沟后先浇底水，然后播种。有条件的地方，秋季大面积花椒育苗可以采用机械播种。按照花椒播种的行距、深度和播种量要求，对当地现有农用播种机进行适当调试即可播种。采用机械播种，3～5人每天可播种20～30亩。

苗木株行距对苗木生长和合格苗比例影响很大。适当加大株行

距，降低育苗密度，有利于培育健壮合格苗子。据试验，采用大密度（株行距 40cm×4cm，每平方米 50 株）、中密度（株行距 40cm×6cm，每平方米育苗 42 株）、低密度（株行距 40cm×8cm，每平方米育苗 31 株）3 种不同密度，在相同的立地条件和肥水管理水平下，其地径分别为 0.521、0.622、0.682cm，地径大于 0.6cm 的一级苗（地径大于 0.6cm，高径比小于 1.5）比例分别为 48.2％、67.8％和 81.6％。

实际育苗生产中，适当加大行距不但能方便育苗生产管理，而且能明显促进花椒苗木加粗生长。花椒播种行距应不小于 40cm，间苗定苗株距应不小于 8cm，每亩地育苗量应不超过 2 万株，可培育合格苗 1 万～1.5 万株。也可以采取大小行育苗，大行距 50～60cm，小行距 20～30cm，可方便育苗地管理，同时又保证了苗木充足的生长空间。

播种量应根据种子质量检验结果确定，并按照饱满种胚 1.5～2 倍的比例和计划育苗密度确定播种量；或按照 1.2～1.5 倍催芽"露白"种子比例和计划育苗密度确定播种量。一般饱满种胚比例 30％以上的种子，每亩播种 15kg 左右，不足 5％的种子每亩播种量 25～50kg。

山东椒农还总结出了"冬播种，春镇压"的育苗经验，入冬后上冻前播种并灌大水，春季化冻后地表出现白茬的时候镇压。这种播种方法既满足种子对低温和水分的要求，又使种子与土紧密结合，增加了种子吸水机会，提高了出苗率。

对于珍贵花椒品种，在种子稀缺情况下，可以在早春 2 月底温室内采用催芽种子营养袋播种，每个营养袋播种 3～5 粒，5 月份移入大田练苗，雨季或秋季栽植，或第二年春季栽植。这种育苗方式不但节约种子，而且苗期管理成本低，造林成活率高。

4. 苗期管理

（1）播种后管理

秋冬播种育苗，上冻前要浇封冻水，第二年开春土壤化冻后如果墒情不足应再次灌大水。无论秋播还是春播，开春后地表土壤出现白茬时应及时镇压。春季播种后如果持续严重干旱，可以在苗床上覆草后喷洒水。干旱区花椒育苗，也可以在播种后苗床覆膜，待花椒发芽后沿播种行破膜。花椒出苗期一般不宜浇水，防止浇水后土壤板结，加重苗木因灼伤发生的猝倒病。

（2）浇水施肥

进入5月中下旬，待苗木茎部木质化程度提高以后，可以根据墒情适时浇水。6月中下旬苗木进入速生期以后，可结合浇水或降雨进行施肥。施肥可以地面撒施，也可以开沟施入。花椒苗施肥3次为宜，前两次分别在6月中下旬和7月中下旬，每次每亩地施入氮肥（尿素）20～30kg，8月中下旬追施等量氮磷钾复合肥。为了防止苗木徒长、促进苗木木质化、促进干茎加粗和根系生长、降低高径比和茎根比、提高苗木质量，9月份以后不再施肥并适度控制浇水；进入10月份以后，应每间隔10～15d对苗木喷施矮壮素，以控制苗木高生长、促进茎干加速生长。

（3）间苗定苗

幼苗出土后，5月中旬前后当苗高5cm以上时，开始第一次间苗，间苗留苗数量为计划育苗密度的120%～150%。要适度多保留20%～50%的结合间苗，及时进行移苗补缺，每亩留苗2万株左右，花椒怕涝，雨季要及时排涝和补充肥水。6月下旬至7月上旬进入雨季后进行第二次间苗，间苗过程中，可将间出的苗子移栽到缺苗断垄处，并按照计划定苗。根据各地育苗经验，每亩育苗1万株左右，合格苗比例可达80%以上；每亩育苗1.5株，合格苗大约占50%；每亩育苗2万株，合格苗大约占30%；每亩育苗3万株以上，合格苗不足20%。说明育苗密度越大，单位面积育成的合格苗数量越少。

山东农业大学通过间苗定苗研究育苗密度对花椒苗生长的影响，结果发现，在每亩1.0万、1.5万、2.0万和2.5万株的密度范围内，苗木高生长量差异不显著，但地径生长量、根系和苗木整株生物量差异显著，表现为密度越大，地径粗度、根系和整株生物

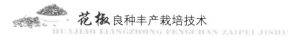

量越小。

（4）松土除草

花椒发芽出苗期和苗木生长季节，浇水或降雨后应及时划锄，改善土壤透气性。特别是出苗期和幼苗期，土壤板结会加重猝倒病的发生。花椒特别不耐除草剂，一旦叶片或嫩芽直接喷洒或间接吸收除草剂，轻则发生叶片和嫩梢枯萎，重则苗木死亡。因此，花椒育苗地应严谨使用除草剂。为减轻雨季除草压力，可以在进入雨季前集中人工灭草，然后顺行间铺黑色地膜或隔草布。

（5）病虫害防治

花椒育苗地的主要病害有幼苗期发生的猝倒病（立枯病）、夏季发生的白粉病、夏秋季节发生的炭疽病。苗期主要虫害为棉蚜，其危害期长达 3～4 个月。花椒病虫害的防治要以防为主，根据病害的发生规律，提前喷施相应的杀菌剂（主要病虫害的发生规律和防治方法见本书第八章）。

（二）花椒良种无性繁殖

1. 花椒无性繁殖的特点

无性繁殖能够很好地保持亲本的优良特性，是经济林苗木繁育的主要方法。然而，由于花椒大部分栽培品种为无融合生殖，其实生繁殖子代如同无性繁殖群体一样，也能够很好地保持亲本的优良特性。加之无性繁殖方法育苗周期长，技术要求复杂，育苗成本高、效率低等缺点，故生产中很少采用嫁接或扦插繁殖育苗。只有当新品种种子少或种子发芽率低、不能满足生产需要时，才考虑采用无性繁殖方法。

我们发现，即使无刺类花椒品种，如果采用实生繁殖，其苗木或幼龄树的枝干上依然反祖着生发达的皮刺，但随着树龄增长增大和开花结果，新生枝着生皮刺逐渐减少或消失，至进入结果盛期，新生枝上皮刺已经完全退化消失。但对于无刺花椒品种，如果从成龄树上采集无刺枝条作接穗嫁接，则嫁接苗枝干上皮刺明显减少变小，如果连续多代采用嫁接或扦插繁殖（即从无刺椒嫁接的成龄树上采集无刺枝条继续嫁接，如此继代 3 次以上），则嫁接苗当年抽生的枝干皮刺完全退化消失。这种现象确实增加了用户对无刺类品种苗的吸引力。然而，我们同时调查发现，采用无性繁殖方法培育的无刺类品种的完全无刺苗木，栽植后尽管结果早，但分枝能力很弱，枝梢生长迟缓，树冠扩展缓慢，单株产量很低，而且树势容易早衰。故此，并不建议在生产中采用无性繁殖方法大量培育苗木，尤其不提倡刻意追求无刺而培育多代继代嫁接苗。

2. 采穗圃建立

成龄花椒园长势缓和，很少抽生徒长枝或强旺发育枝。因此，很难从成龄椒园中采集大量种条用于嫁接或扦插育苗。为此，应选用优良品种，建立专门的采穗圃。

建立花椒采穗圃应选择土壤肥沃、有排灌条件的地块，经全面深翻、施足底肥后，按照株距 2m×3m，起垄栽植纯正的优良品种苗。多品种建园，应绘制品种布局图。

栽植后自地面 20～40cm 处定干。春旱季节及时灌水，雨季连续追施 3 次化肥，6 月和 7 月份追施氮肥，8 月份追施复合肥，每次每株 100g。栽植当年每株保留 3～4 个健壮新梢，抹除多余细弱萌条；不拉枝，不摘心，不短接。第二年春季发芽前，对主枝保留 30～50cm 重短截，促进抽生侧枝；5 月份侧枝生长量达到 50cm 以上时，摘心促进抽生二级侧枝。整个生长季节加强肥水管理，土壤墒情不足及时浇水，6、7、8 月每月追施一次氮肥，9 月追施复合肥，每次每株 100～150g。

自第二年夏秋季开始，可以采集种条用于嫁接或扦插育苗。夏秋季节采条，应从基部剪截采集细弱的二级枝；休眠期采条，应保留基部 20～40cm，重短截所有二级枝。采条后，按照培养二级枝的方法，培养三级枝用于第三年夏秋和休眠季节采条。

3. 嫁接育苗

花椒嫁接育苗既能克服实生繁殖结实晚的问题，又能保持良种的性状；对于无刺类品种，采用嫁接繁殖还能减少枝干皮刺，甚至培育出皮刺完全退化的苗木。

（1）砧木要求

花椒嫁接育苗，应尽量采用 1 年生粗壮实生苗（地径 0.7cm 以上），而不用 2 年生以上的粗大砧木。这是因为 1 年生花椒苗根系须根发达，栽植成活率高；而 2 年生以上的苗木，其须根随着年龄增大而减少，导致栽植成活率下降。另一方面，砧木嫁接部位粗度过小（不足 0.6cm），不但嫁接操作困难，而且成活率很低。

根据椒农经验，采用以下 4 项技术就能够培育出地径 0.7cm 以上的 1 年生播种苗：一是选择肥沃的育苗地；二是秋冬育苗；三是间苗留苗密度应控制在每亩 1 万株以下，育苗行的行距 50cm 以上；四是生长季节前半期应加强肥水，入秋后要严格控水控肥，并连续喷洒矮壮素，以促进苗干加粗生长。另外，尽量选择抗逆性强的种质专门培育砧木，如我国红椒各产区广泛分布的野花椒和枸椒，其抗逆性和适应性很强，寿命长，用枸椒种子培育的花椒嫁接苗，较普通大红袍砧木嫁接苗的抗旱、抗寒和耐涝性明显提高。

（2）品种选择与接穗采集

目前，我国花椒主产区已经选育出很多花椒优良品种（包括农家优良品种和审定良种），可以作为嫁接品种，如'秦安 1 号'（甘肃秦安）、'无刺椒'（陕西韩城）、'狮子头'（陕西韩城）、'少刺大红袍'（山东莱芜）等红花椒类品种，具有丰产、优质、少刺或无刺、抗寒等优点，是我国北部花椒产区值得推广的优良品种；而凤椒、武都大红袍、茂县大红袍等品种，尽管品质优良，但耐寒性差，在北部花椒产区不能越冬，只能在西南花椒产区发展。

接穗应在专门的采穗圃中采集。没有采穗圃的，应选择品种可靠的幼龄和壮龄椒园，并在椒园中选择果穗大而紧凑、果实着色好的丰产单株采剪种条。采集种条时，应选择当年（用于夏秋嫁接）或1年生（用于春季嫁接）的徒长枝或发育枝，粗细适当（与砧木粗度接近）；尽量不选3年生及以上枝龄的种条。采集种条过程中，要随时剪除皮刺。

春季嫁接应在深休眠期采集种条，并埋入洁净河沙中储藏；或者在芽萌动前采条，湿纱布包裹后置于冰箱中冷藏，或截取接穗蜡封后装入塑封袋内冰箱中冷藏。夏秋嫁接应随采种条随嫁接，采集的种条应就地尽快剪去复叶柄（保留基部2cm）并插入水桶中，带入育苗地嫁接。

（3）嫁接圃地浇水、砧木剪截

嫁接前5～7d，圃地应大水漫灌，以保证嫁接后砧木水分供应充足，发芽早、成活率高；嫁接前还要剪截粗度达到规格的苗木，并剪除下部茎干上的皮刺，剪截高度10cm左右；同时，还要刨除达不到规格粗度的细弱苗，否则容易发生嫁接苗混杂实生苗，或者增加了分拣嫁接苗的难度。

（4）嫁接方法

花椒嫁接方法可根据嫁接习惯和熟练程度，选择常见的果树嫁接方法进行嫁接。但花椒产区的椒农通常采用枝接法和带木质部芽接法。其中，枝接法中，苗圃地更多采用舌接法；椒园品种更新改造时，可选用劈接法或插皮接法。

①舌接法（图5-1）：此法主要用于春季萌芽期嫁接，也可以用于8月份秋季嫁接（接穗需蜡封）。具体操作方法是，将封蜡接穗下端削成长1.5cm左右的马耳形，在其上部1/3处纵向下切，深度约1cm。同法将剪截砧木削成长马耳形，并在回刀向下纵切后剪去"马耳"顶端2mm左右，将接穗和砧木顺切口插入，保持两侧或一侧韧皮部对齐，手指捏住嫁接口，用塑料薄膜绑扎。

②带木质部芽接法（图5-2）：于6月上中旬至8月中下旬

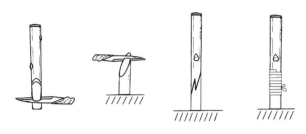

图 5-1　舌　接

（1.5龄砧木）或 8 月中下旬（当年生砧木）嫁接。首先自接穗芽子下方 0.5cm 处斜切，然后在接芽上方 1cm 处斜纵切，取下带木质部芽片（带短叶柄）含入口中；将砧木自苗干中部剪截（保留下方复叶），按照芽片大小和形状，在苗干适当高度先后斜切和斜纵切，去掉带木质部，将接芽嵌入砧木切口，对齐韧皮部，手指捏住芽片并缚绑塑料封皮。嫁接 1 周后观察接穗上叶柄颜色，如果呈绿色则嫁接成活，如果叶柄干枯则及时重新嫁接。

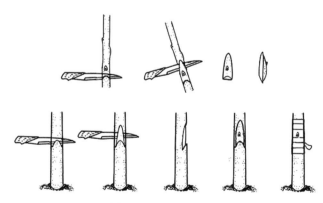

图 5-2　木质部芽接

（5）嫁接后管理

　　无论枝接还是芽接，嫁接后都要做好两个环节：①及时尽早抹除砧木萌芽，如果萌芽抹除不及时，容易导致接穗（接芽）萌发后回芽（萌发的嫩芽或抽生的嫩枝枯萎）。②嫁接成活后，待抽生的新梢 30cm 以上时，要及时缚绑木棍防风折。③秋季落叶后或者起苗后解开嫁接口缚绑封条。

4. 扦插育苗

（1）扦插育苗的优缺点

近年来，山东农业大学成功研究并提出了花椒扦插育苗技术。花椒扦插育苗具有嫁接育苗相似的特点，不但能保持母树的优良性状、提早开花结果，而且能够减少甚至消除一些无刺或少刺品种苗干上的皮刺。然而，同嫁接育苗一样，扦插方法培育的花椒苗，也会在生长过程中表现出各种早衰现象；并且扦插苗根系不如实生苗发达，抗逆性和适应性弱。因此，生产中可根据实际情况选择合适的方法繁育苗木。

（2）插床准备

普通农用大棚或小拱棚，具备自动温湿度控制设施条件。扦插基质以 1∶1 比例的河沙和珍珠岩混合物最好，单纯河沙或与蛭石混合效果不如前者。扦插前一周喷施 1％高锰酸钾溶液对插床基质进行消毒。扦插生根之前控制温度 25～35℃，相对湿度 100％；生根后控制温度 20～30℃，相对湿度 90％以上。

（3）扦插方法

①硬枝扦插：春季芽体膨大以前，采集 1 年充实健壮的发育枝或徒长枝，剪截成 20cm 的插穗，上端剪口平，下端剪口呈单马耳形。用 500～1 000mg/L 萘乙酸（NAA）水溶液浸泡 1～2h，生根率 20％～60％。若冬季深休眠期采条，剪截插穗后用 250～500mg/L 萘乙酸或吲哚丁酸浸泡 30min 后窖藏，插前阳畦催根，成活率可达 95％。

②嫩枝扦插：7、8 月份，采集半木质化种条，剪截成 15cm 长插穗，经 250～500mg/L 萘乙酸或吲哚丁酸浸泡 30min 后扦插，生根率 60％～80％。

5. 组培快繁

此处介绍一种日本无刺花椒组培快繁方法。选取当年生嫁接苗的幼嫩带芽茎段为外植体，除去叶片和叶柄，剪成易于操作的长度，用自来水（有条件最好用蒸馏水或纯净水）碱性洗涤剂清洗并冲净，然后在 0.1％氯化汞（HgCl）溶液中消毒 4～6min，消毒后用无菌蒸馏水冲洗 5～7 次用于初代接种。

最适宜的诱导培养基为 MS（改良）＋6－BA（6－苄氨基嘌呤）1.0mg＋NAA 0.5mg＋3％蔗糖＋1.1％琼脂。最适宜的继代培养基为 MS（改良）＋6－BA 1.0mg＋NAA0.5mg＋3％蔗糖＋1.1％琼脂。生根培养基为 MS（改良）＋IBA（吲哚丁酸）0.4～0.8mg＋2％蔗糖＋1.1％琼脂。

设置恒温光照培养。培养温度 25℃，光照强度 150～200lx（每天 12h），空气相对湿度 70％。继代周期为 4 周，繁殖系数为 3～5，生根率 90％以上，移栽成活率可达 95％以上，移栽苗驯化期约为 4 周。

（三）起苗与假植

1. 苗木调查

秋季落叶后，按照育苗面积比，抽取 5％的比例，实测苗高、地径和株树，按照表 5－2 标准，统计苗圃地现有各规格苗木数量，做好出圃准备。

2. 起苗

起苗时间应尽量与花椒建园栽植时间相衔接。最好在栽植的当天或前一天傍晚起苗。秋季栽植的应在苗木封顶后落叶期起苗，春季栽植则应在萌芽前起苗。在起苗前 7～10d 应对育苗地灌水，起苗时深度要达到 20～25cm，确保苗木根系完整。

3. 苗木分级

起苗后立即对苗木进行分级，分级规格见表 5 - 2。

表 5 - 2　花椒苗木规格等级表

苗木等级	地径（cm）		高径比（参考）
	行业标准	山东省地方标准	
特级苗	≥0.7	≥0.8	<1.5
一级苗	≥0.6	≥0.7	<1.5
二级苗	≥0.4	≥0.4	<1.5
等外苗	<0.4	<0.4	—

注：（1）表中苗木为 1 年生苗。（2）高径比为苗高（m）与地径（cm）的比值。

健壮优质花椒苗应品种纯正，并具备苗干粗壮、根系健全发达、皮色深红或灰褐色、芽子饱满、无机械损伤、无检疫病虫害、不失水等特征。健全的根系要求有 3～5 条长 15cm 粗壮侧根和发达的须根。一级苗要求地径 0.6cm 以上、二级苗地径 0.4cm 以上；地径不足 0.4cm 的苗木为不合格苗，不能出圃；所有合格苗高径比均不超过 1.5，相同粗度的苗木高径比越小越好；苗木根系残缺不全、苗干受损严重、带有检疫病虫害的，计为不合格苗。

4. 打捆、蘸泥浆、包装、检疫

按照苗木规格分别打捆，每捆苗木株数要相同。一般一级苗每捆 100 株，二级苗每捆 200 株。

根据用户需求对苗干进行适当短截（一般保留苗干 60cm）。将成捆的苗木根系置于泥浆，确保根茎以下蘸泥浆均匀。

用塑料薄膜将根茎以下根系全部包裹起来，放入编织袋中，附上注有产地、品种、规格信息的标签。

苗木出圃以前，应按照有关要求，由行业相关部门进行检疫。发现存在检疫对象的苗木应全部销毁；检疫合格的苗木，颁发检疫

合格证书才能出圃。

5. 假植

起苗后较长时间（3d 及以上）不能栽植的，需及时假植。一般 3～5d 能完成栽植的，可以在拟建椒园地块内简单假植，方法是：开挖一条宽度 1～2m、深度 50～70cm 的假植沟，将成捆苗木码放其中，培土后覆盖篷布或塑料薄膜。长期不能栽植的，需要仔细假植苗木，方法是：应选择地势高燥、排水良好、背风的地方，开挖宽度 1～2m、深度 50～70cm 的假植沟，将苗木解捆后倾斜单层摊放，培一层湿润河沙，如此反复直至所有苗木全部培入河沙中。假植时可以将苗干全部埋入河沙中，也可以露出一部分。假植后上部覆盖塑料薄膜，再覆盖一层秸秆。假植过程中，可以适当泼水以提高假植苗木的环境湿度。

六、花椒建园

（一）园地选择

花椒耐干旱瘠薄，对土壤条件适应性强，适宜山丘区及广大平原区栽培。适宜营建椒园的立地条件，见本书第五章。此外，花椒建园还应注意以下几个方面：

首先，花椒不耐涝，短期水淹或土壤滞水即发生水涝致死，故椒园不能选择地势低洼、雨季积水处建园。在地下水位较高、雨季排水不畅的地方营建花椒园，需提前完善排水条件；山丘区梯田营建花椒园，也会发生雨季田面内侧积水，故要沿梯田内侧开挖排水沟，并向两侧引出；黏重土壤易发生雨季或灌水后土壤滞水，建园前应压沙改土，提高土壤渗透性；平原地区和低洼地排水不畅，除了修建完善的排水系统，还应进行花椒起垄栽培。

花椒有一定的抗寒能力，自然分布于陕西东北部、山西中南部、河南西部、山东和河北的品种，以及甘肃的'秦椒1号'，休眠期能安全度过—18℃的低温，能安全度过栽培期内的常年低温。但如果在落叶之前出现短期—6℃以下、萌芽至开花期发生短期霜冻害，则很容易发生冻害，前者导致当年生枝受冻、甚至整株冻害致死，后者导致当年抽生的嫩芽和花序受冻枯死。因此，不能选择山脊、风口或霜打洼地建园。

花椒花期至果实膨大期不耐旱，持续干旱导致坐果率降低，果实膨大受抑制，导致果穗稀疏，产量和品质下降。因此，椒园宜选择在土层深厚肥沃、有一定水浇条件的地方建园。

花椒对土壤酸碱性适应范围很强，无论沙石山的微酸性土壤还是青石山的微碱性土壤，以及含盐量 0.3% 以下的轻度盐碱地，均可栽植花椒。调查发现，青石山微碱性土壤上栽植的花椒，产量、品质、生长势和寿命均好于沙石山粗骨质土上栽植的花椒。在土层过于浅薄的页岩山区，花椒受旱严重，甚至发生干旱致死。

丰产椒园的立地条件应满足：土层 60cm 以上，土壤肥沃的壤质土或沙壤土；背风向阳，光照充足，昼夜温差较大；地下水位较低，有一定的排灌条件。

从发展趋势看，今后营建椒园，还要特别注意是否具备有机花椒生产的安全环境，包括大气环境、水源水体环境、土壤环境等。规模化发展或花椒基地建设，要提前根据发展需要进行规划，根据品牌建设目标和市场定位，提前落实环境因子监测分析，并按照国内外有关技术规程要求，对产品质量进行监测。

（二）品种选择与苗木质量要求

1. 品种选择

花椒建园必须选择优良品种。花椒优良品种应具备：

（1）抗逆性和适应性强

花椒建园应选择耐旱、抗寒、耐涝、抗病品种，并根据立地条件优劣合理配置不同抗逆性的品种。山东农业大学近年来研究发现，产于陕西韩城的'无刺椒'和'狮子头'抗寒性较强，能够适应山东省各地气候，但这两个品种耐涝能力较差，短期土壤积水或滞水就会发生涝害，甚至整株死亡；产于陕西凤县的凤椒和甘肃陇南的无刺椒，抗寒性差，引入山东后地上部冬季受冻枯死，不能自然越冬；而产于山东当地的少刺大红袍和莱芜大红袍等品种，抗寒性、耐涝性较强。

大面积栽植花椒，必然导致花椒病虫害的暴发和蔓延。各地营建花椒园时，应尽量做到多品种栽培，根据立地条件的差异和品种的适应性配置不同的品种，避免大面积单一品种栽培和病虫害的蔓延。

（2）品质优良

花椒品质包括表观品质和内在品质。

表观品质包括色泽、椒皮颗粒大小及均匀程度、椒皮千粒重、内皮颜色、梅花椒比例、腺点大小和多少等。优良花椒品种应具备椒皮颜色红润有光泽、椒皮颗粒大（千粒重20g以上）且大小均匀、内皮洁白、腺点大而密集、梅花椒比例高。反之，如果椒皮红色暗淡无光、椒皮颗粒小（千粒重小于18g）且大小不均匀、内皮灰暗、腺点小而少、无梅花椒，这种品种不值得选择。

内在品质指的是芳香和辛麻物质含量。优质花椒品种气味芳香，辛麻味重，挥发性芳香油和麻味素含量高。反之，如果品种的椒皮芳香和辛麻味平淡，则不宜选择。

品种引种对比观察发现，产于陕西韩城的'无刺椒'、'狮子头'和'南强1号'，以及产于甘肃陇南的'秦椒1号'，椒皮色泽红艳亮丽，颗粒大而均匀，辛麻和芳香气味浓郁，且梅花椒比例较高，是北方红椒大类秋椒亚类品种中的佼佼者，适合加工精椒，或花椒粉，或各种其他含有花椒成分的食品，或提取芳香油和麻味素；产于山东各地的大红袍和莱芜少刺大红袍品种，芳香气味较浓郁，但辛麻味偏低，适合加工精椒，或用于肉食烹饪，加工青花椒酱菜。

（3）丰产性强，采收功效高

花椒良种的丰产性表现为：1年生实生苗栽植后第2年部分单株结果，第3年普遍结果并形成规模产量，4年后进入丰产期，6～8年生盛果期亩产商品椒皮150～200kg。

在花椒生产成本中，花椒采摘用工成本所占比例超过50%。具有皮刺少或无刺、果穗大（每果穗平均坐果50粒以上）等特点的品种，其采收成本和椒园生产成本大幅度降低，经济效益显著提高。据山东莱芜和陕西韩城等地观察，少刺或无刺品种每个工日可采摘50～80kg鲜椒，而有刺品种则每个工日只能采摘20～30kg，无刺或少刺品种的采摘功效较有刺品种提高2～3倍。此外，采收功效还与果穗粒数成正比，果穗紧凑、粒数多的大果穗品种，其采

收功效显著高于果穗松散、粒数少的品种。

2. 苗木规格与质量要求

（1）苗木规格要求

营建椒园，应选用地径、高径比和根系符合行业和地方标准的苗木，尽量选择地径 0.6cm 以上的一级苗，不选用等外苗。试验表明，采用高径比过大（1.5 以上）或过细弱的苗子，栽植后成活率低，苗子抽干严重，发芽抽枝能力弱，当年新梢生长量小。

秋冬季栽植花椒，可以选用 1 年生播种裸根苗，尽量不选用 2 年生以上的老龄苗（嫁接苗除外）。因为苗龄越大，须根越少，栽植成活率越低。雨季栽植花椒，可以就地用 1.5 龄裸根苗栽植，或 0.5 龄营养杯苗栽植。

（2）苗木质量要求

苗木质量包括品种纯度和苗木活力。优质苗木要求品种纯度达 95％以上。苗木活力通常用苗木失水率和苗木木质化程度衡量，活力高的苗木栽植成活率高、当年抽枝多、新梢生长量大。保持苗木水分不散失能显著提高苗木活力，芽子饱满、苗干皮色深灰或灰褐色的苗木活力高。

3. 整地

栽植花椒之前，首先应进行整地改土，配套排灌条件。

平原区建椒园，重点是解决水涝问题。雨季积水处应开挖修筑条台田和排水沟，抬高地面，降低地下水位。条台田宽度 6～12m，每个条台田栽植 2～4 行。雨季没有积水的地方，可实行起垄栽培，整地时沿栽植行起垄，宽度 2～3m、高度 30～50cm。地下水位越高起垄越高。地块长度超过 50m，应在中间断开数节，开挖排水沟。

山丘区建椒园，重点是整平田面，加深土层厚度。整地方式视坡度和地形破碎程度而异。坡度小于 12°的地块，适宜用机械整修田面宽度 5m 以上的宽幅水平梯田；坡度小于 18°的山坡，可以整修田面宽度 3m 以上的窄幅梯田；坡度小于 25°的山坡，应该进行撩壕整地，顺等高线开挖宽度不小于 1m 的水平沟；坡度大于 25°的山坡，或者其他地形破碎、岩石裸露的山坡，可以因地制宜进行鱼鳞坑或卧牛坑整地。土层较厚的地块，要全面深翻 30cm 以上，并利用挖掘机械对定植点局部开挖宽度和深度不小于 60cm 的大穴，清理石砾，回填熟土。

山丘区整地过程中，在平整地面、加深土层厚度的基础上，要注意修砌地堰或围堰，防止发生水土流失。宽度和长度较大的梯田，应在田面内侧开挖排水沟，以便雨季及时排除梯田内的积水。

4. 栽培模式与栽植密度

（1）栽培模式

花椒可以连片规模化栽植，也可以利用田埂地边零散栽植，或沿地堰外侧单行栽植花椒连片栽植。果园、苗圃四周还可以栽植用作防护篱笆。据调查，丘陵梯田成片栽植花椒，每亩产椒皮 100kg左右；如果沿地堰单行栽植，可产椒皮 50kg 左右。四旁零散栽植的花椒，株产鲜椒最高可达 100kg 以上。

（2）栽植密度

花椒栽植密度因立地条件、品种特点和管理水平而异。一般平原区营建椒园，株行距宜 3m×4m，南北行向；山丘区营建椒园，土层深厚且有水浇条件的地块，株行距宜 3m×4m，立地条件较差的地块，株行距宜 2m×3m 或 2m×4m；窄幅梯田可以单行栽植，株距 2m 或 3m；梯埂、堰边单行栽植花椒，株距 2～3m；山丘区栽植花椒，由于上下之间存在高差，光照充足，可以适当加大栽植密度；地形破碎的山坡栽植花椒，可以根据实际情况灵活安排栽植点。

5. 栽植季节

栽植花椒春、秋皆可；椒园就地育苗的，也可以雨季栽植。山东农业大学研究发现，与传统春季"戴芽"栽植相比，采用秋栽培土防寒技术，不但栽植成活率高，而且抽枝健壮，枝梢生长量大，树冠扩展快，结果和丰产早。春栽与秋栽相比，春栽花椒成活率一般很难达到 80%，发芽率和成枝力低，当年抽生的新梢生长细弱，长度一般不超过 50cm，粗度不超过 0.6cm。而培土秋栽花椒成活率可达 95% 以上，发芽率和成枝力高，新梢生长量大，当年抽生的新梢长度可达 50～100cm（最大超过 150cm），粗度可达 0.6～1.5cm。秋栽花椒当年的枝梢数量和生长量与春栽第二年的花椒幼树相当。

（1）春季栽植

春季栽植花椒，如果发芽前栽植，栽后到发芽需要 20d 以上；如果萌芽后栽植，则经常发生"回芽"现象。生产中，春季发芽前栽植，植苗后应该培土掩埋苗干，防止苗干失水抽干，待苗木发芽后分批撤去培土；如果发芽期栽植，则应该做好浇水保墒工作，确保苗木成活过程中对水分的需求。

（2）秋季栽植

北方花椒产区秋季栽植花椒，一般在开始落叶以后到尚未全部落叶之前，在 11 月中旬前后，栽后培土越冬。陕西渭南、甘肃陇南和河南洛阳一带，椒农有 9 月份前后栽植花椒的习惯，但如果不及时浇水，则成活率极低。

6. 栽植技术要点

（1）打点、挖穴

根据计划栽植株行距或单位面积栽植株树，结合椒园地块面积和形状，逐个地块确定定植点，并用石灰粉标记。

用挖掘机械按照标记的栽植点位置挖穴，深度和宽度不小于 0.6m。捡出土壤中的石砾垒砌在地堰或者树穴周边，将四周表土回填入穴中，回填至 2/3 穴深时，踩实，然后填平树穴，整平地面，等候栽植；也可以随挖穴随栽植。

有条件的地方，可以提前准备腐熟有机肥，在回填树穴过程中，与表土混合后施入树穴，每个树穴施有机肥 10～15kg。

（2）苗木处理

苗木栽植之前，要进行如下处理：①浸水。将苗木在水池和水塘中浸水数小时，令其充分吸水。②定干、修剪。将苗木保留一定高度剪去梢部苗干，修去侧枝，修剪残破根系。③浸泡杀菌剂、浸蘸生根剂。将苗木全部浸入 200 倍波尔多液后 2～3 波美度石硫合剂中杀灭病菌，然后将根系在生根剂中浸蘸。④按照规格分拣苗木，相同规格苗木集中栽植。

（3）植苗

栽植花椒按照以下程序操作：①将开挖的树穴回填至穴深 2/3，踩实。②将苗木置于穴中，然后一人持苗，一人持锨填土。③回填平整后，手提苗木轻轻向上抖动，一方面保证根系舒展并与土壤密切接触，另一方面确定适宜的栽植深度。花椒不宜栽植过深，一般按照育苗入土深度或略深 3～5cm 栽植即可。④在树穴四周培土埂，浇足底水。⑤培土封穴或覆盖地膜。

（4）定干

定干就是在苗干一定高度对苗木进行短截。定干的作用：一是通过减少苗木枝干表面积降低苗木失水速率；二是剪去苗干上部细弱茎段，以提高抽生新梢的生长势和生长量。

花椒苗木定干高度根据椒园立地条件、椒园管理水平、栽植密度、拟培养树形等因素确定。一般山丘区营建椒园，定干高度 20～40cm，土层深厚且有水浇条件的梯田，定干高度 40～60cm；平原区营建椒园，定干高度宜 40～60cm。培养自然开心形树冠的，定干高度可适当增加，一般不小于 40cm；培养多主枝丛状树形的，定干高度适当降低，一般不超过 40cm。

定干过高，成龄树冠超过 3m，不便人工采摘花椒；定干过矮，分枝和冠层离地面太近，同样不便采摘，也不便椒园土壤管理和病虫害防治。适宜的定干高度，加上合理的幼树整形和树冠培养，所形成的树冠下层离地面不小于 0.5m，顶部不超过 3m。如此，在花椒采摘过程中，可以借助板凳、铁钩等简易工具完成采摘。

苗木定干也可以在起苗后，或者栽植前集中完成。

7. 栽后管理

花椒栽植以后到发芽成活以前，主要围绕土壤造墒保墒、保护苗干防止失水进行的。采取的主要措施有：

（1）培土埋干

无论秋季栽植还是春季3月底之前，尚未发芽栽植以后都要将定干后的苗干全部培土封住。山东农业大学多年研究表明，花椒栽后培土埋干，是防止苗干失水、提高栽植成活率的有效措施。采用培土埋干措施，花椒秋栽成活率可达95％以上，春栽成活率可达85％以上，较对照提高30％～50％。4月中旬前后，扒开土堆检查苗干发芽情况，发芽苗木将土堆间隔10d左右分两次撤去。对于发芽期栽植的花椒，不必培土埋干。

（2）整修树盘、覆膜覆草

4月上中旬，栽植花椒陆续发芽。此期要及时整修树盘（垄）。首先在树盘四周培土埂，灌透大水，下渗后整修树盘（垄），覆盖地膜或隔草布。行间裸露地表可以间作矮秆作物或覆盖隔草膜（布）。树盘覆盖地膜时，树盘要整修呈凹形，以便降水汇集入穴或后期补充浇水；如果春夏季节长期干旱，应间隔半月浇水1次，确保土壤墒情有利于苗木成活。起垄栽植花椒的，栽植垄整修后可以覆盖隔草布，并配备滴管设施。

七、椒园管理

（一）椒园土、肥、水管理

1. 椒园土壤管理

（1）深翻扩穴

秋季花椒采收之后至土壤上冻之前，趁土壤温湿度条件较好的时机，及时进行椒园深翻扩穴，清除树盘范围内根系分布层的石砾，深翻疏松和熟化土壤，提高土壤透气性，改善土壤养分条件和蓄水保墒能力。秋季深翻扩穴以后，由于土壤温湿度条件较好，断根能很快愈合并产生大量新根，从而提高对土壤养分水分的吸收能力，提高来年树势和坐果能力。

深翻扩穴是椒园常规管理措施，应坚持每年或隔年实施，循序渐进。初次深翻扩穴时，应距离树干基部0.5m范围内开挖环形（图7-1）或条形沟（图7-2），宽度0.5m左右，深度40cm左右，深翻时仔细操作，防止切断或损伤大根；以后每年或隔年向外扩展0.5m继续深翻扩穴。将翻出的砾石捡出，用周边熟土回填，回填后灌水。深翻扩穴可以结合秋施基肥同时进行。需要注意的是，深翻扩穴宜早不宜迟，花椒采摘后即可实施，至落叶时结束；晚秋或春季深翻扩穴，效果皆不如前者。

（2）修砌地堰、树盘

秋冬季节，应趁农闲整修雨季坍塌的地堰或围堰，避免来年发生严重的水土流失。

（3）椒园深翻

平原区或黄土区椒园，秋冬上冻之前，或春季土壤化冻之后，

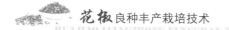

应进行机械全面深耕。深翻部位应在花椒树冠外缘，距离树干基部
1.0～1.5m处，翻耕深度25cm以上。椒园深翻的同时，将带病枯
枝落叶和越冬害虫翻入深层土壤中，能明显减轻椒园病虫害发生危
害程度；深翻后土壤肥力和蓄水保墒能力提高，来年花椒新梢生长
健壮，果穗大，产量高。

图7-1　环形深翻扩穴

图7-2　条形深翻扩穴

（4）椒园压土

土石山区土层浅薄山的椒园，由于长期水土流失导致表层腐熟
土壤冲刷殆尽，土壤肥力和蓄水保墒能力差，树体生长衰弱，病虫
害逐年加重，花椒产量和品质低下。对于这种类型的花椒园，要在
春秋农闲季节修整地堰和树盘的同时，进行椒园压土。压土厚度一
般5～10cm，可以集中在1年内完成，也可以逐年压土。椒园压土
能明显促进树体生长，提高树势，提高产量和品质。

（5）改良土壤

花椒适宜疏松肥沃的土壤，在土壤团聚体丰富、有机质含量
高、透气性好的土壤中，花椒生长势强、抗病力高、果穗大、坐果
率高、产量高、品质好。据此，对于土壤黏粒过少的河滩、阶地、
沙土地，或沙石山粗骨质土，可以结合椒园压土、深翻扩穴、抽沙
换土、增施有机肥、秸秆还田等措施，改良和培肥土壤，增加土壤

黏粒和有机质含量，提高土壤蓄水保墒能力。对于黏重的土壤，应结合深翻扩穴，增施有机肥，并掺入少量河沙，以改善土壤透气性和渗透性，减轻和避免椒园涝害发生。

(6) 花椒园间作

花椒建园后，在树冠郁闭之前，可以间作花生、豆类等矮秆作物，不仅增加了椒园单位面积收益，同时也起到减少地面水蒸发，并通过间作物肥水管理，促进幼龄花椒树的生长发育。高秆作物，如玉米、高粱等，不可在椒园内间作；其他作物，如小麦、谷子、地瓜等，肥水需求量大、挟地严重，也不应在椒园内间作。调查发现，栽植当年的花椒园，在花椒树两侧 1m 之外间作谷子，当年单株平均抽生新梢 3.1 条，新梢平均粗度 0.56cm，平均长度 52cm；而没有间作的椒园，当年抽生新梢 3.7 条，新梢平均粗度 0.68cm，平均长度 88cm。

(7) 松土除草

花椒根系浅，杂草与花椒争肥争水现象相当严重。"花椒不锄草，当年就枯老"，说明除草对花椒园经营的重要性。松土能明显改善土壤透气性，有利于减轻黏重土壤椒园流胶病的发生。花椒杂草控制可采取人工锄草、农机旋耕或翻压等方式，但不宜采用药剂除草。因为花椒对各种除草剂反应十分敏感，椒园喷施除草剂轻则导致叶片焦枯，重则导致嫩芽和花果干枯脱落，甚至导致整株死亡。

采用椒园围网养殖家禽，能有效控制杂草滋生。但放养密度不宜过大，过大则地表土壤破坏严重，引发水土流失。一般每亩放养 50 只鸡或者 20 只鹅为宜；也可以在椒园内设置网格，轮流大密度放养。

(8) 地表覆盖

树盘或树行覆草或覆膜，是干旱瘠薄山地椒园改良土壤、提高土壤肥力、调节地温、保土蓄水、灭草免耕的重要栽培措施。据山东莱芜椒农试验，中等立地条件丘陵梯田 11 年生花椒园，连续 3 年树盘覆草，每果穗粒数 41.7 个，单株鲜花椒产量 10.2kg，树势健壮；而对照（树盘不覆草）每果穗粒数 30.4 个，单株鲜花椒

产量 7.7kg，树势中庸。

椒园覆盖应结合春季椒园土壤管理同时进行。在完成椒园深翻扩穴、浇水施肥以后，及时覆盖树盘或树行，能够有效减轻地表蒸发，保蓄土壤水分。

通常，开春以后树盘（行）应覆盖地膜，既有利于保墒，又有利于提高地温、促进花椒萌芽展叶和开花坐果；树盘覆草不利于提高地温，因此覆草应在夏季进行。覆盖黑色地膜或隔草膜能有效控制椒园杂草滋生，减轻除草压力；有条件的情况下，也可以沿树行或者整个椒园覆盖隔草布。

进入雨季后，椒园温湿度状况明显改善，麦草充足，树盘覆草后一方面能减轻初夏旱季地表蒸发，另一方面能有效防止地温过高抑制根系活力，还能短期内腐烂增加土壤有机质含量。覆草椒园应在夏秋季节结合椒园土壤管理，将覆草翻压入土壤中，避免为害虫提供越冬场所。

（9）整修配套排灌系统

春夏季节干旱缺水是造成山丘区椒园产量低、品质差的主要原因。为此，规模化花椒产区，或者花椒种植大户，应重视椒园水利灌溉设施建设，利用沟道建设小型水库或大型水池；或在椒园上部修砌蓄水池，蓄积坡面径流或从山下逐级扬水上山，利用高程差产生的压力，配备滴管系统，有利于节约用水、合理用水。平原区椒园需要重视排水系统的建设配套，避免雨季或灌水后椒园积水或土壤长期滞水。

2. 椒园施肥

花椒是喜肥树种，合理施肥能有效提高树势，提高坐果率、产量和品质。椒园施肥以基肥为主，追肥为辅，以有机肥为主，化肥为辅。

（1）基肥

基肥是指深施入土壤中的基础肥料，具有增加土壤有机质、改善土壤物理结构和理化性质、增加土壤微生物种群丰度等作用。施用基肥具有长效、缓效作用，对提高土壤肥力效果明显。

土壤有机质含量是决定土壤肥力的重要指标。日本丰产果园土壤有机质含量不低于 2％，我国烟台市蓬莱区亩产 10t 的苹果园每年施优质有机肥 5t 以上。然而，在我国花椒生产中，长期以来形成了不恰当的认知，认为花椒耐瘠薄，无须施肥。调查表明，我国各地花椒园土壤有机质含量极低，平均不足 0.2％，有的椒园甚至不到 0.1％。这是导致我国花椒园树势普遍衰弱、产量低、盛果期维持时间短的主要原因。

椒园施用有机肥，可以分为农家土杂肥（粗肥，如塘泥、腐烂秸秆、牲畜厩肥等）和优质有机肥（细肥，如饼肥、椒籽、鸡粪、羊粪等）。也可以采用堆肥方法，将作物秸秆与人畜粪便混合，加入适量专用微生物进行堆放发酵，沤制有机质肥。初果幼龄椒树，每株每年施优质有机肥 10～15kg，粗肥 30～50kg；成龄丰产椒树每株每年施优质有机肥 15～20kg，粗肥 50～100kg（表 7-1）。

表 7-1　基肥施肥情况表

单位：kg/株

施肥时期	树龄（年）	有机肥	化肥
9 月上旬至 10 月上旬	1～3	粗肥 15～30，或细肥 5～10	氮磷钾复合肥 0.2
	4～6	粗肥 30～50，或细肥 10～15	氮磷钾复合肥 0.5～1.0
	盛果树	粗肥 50～100，或细肥 15～20	氮磷钾复合肥 1.0～1.5

有机肥的最佳施用时间为花椒采摘以后至落叶之前。此期施用基肥以后，有利于促进当年秋季根系生长和吸收，并促进树冠当年制造和积累光合产物，进而促进来年抽枝、提高树势、坐果率和花椒产量。落叶以后施用或者春季施用，肥效缓慢，对促进当年抽枝、促进开花坐果等方面的作用效果不明显。在施用有机肥的同时，根据树体养分需求和土壤养分供应情况，可适当施用化肥，如氮磷钾复合肥或磷钾复合肥。有研究表明，我国大部分椒园土壤缺乏磷肥，增施磷肥有利于促进花椒着色，提高椒皮品质。

　　施用基肥可以结合椒园土壤改良同步进行，于每年秋季深翻扩穴改良土壤的过程中，将有机肥与土壤混合后回填，然后灌水。施用有机肥需要注意两个问题：一是不能过浅，否则容易诱导根系上移，降低花椒树的抗旱性；适宜的施肥深度为 20～40cm。二是不能直接施用未经腐熟的有机肥。施用饼肥应该煮熟后进一步腐熟；施用畜禽粪肥夏季应沤堆沤制 30d 以上，春秋季节应该腐熟 60d 以上。

（2）追肥

　　追肥是根据树木生长和结果需要，在生长季节及时向土壤中补充速效化肥。追施化肥与施用有机肥作用不同，前者主要是补充土壤中矿质营养的不足，为树体提供及时有效的矿质营养，进而改善树体的有机营养水平；后者是通过增加土壤有机质含量，改善土壤理化性质和微生物群落结构，进而提高土壤肥力。二者作用原理不同，作用对象和作用效果不同，不能相互替代。

　　花椒树体矮小，每年枝叶和根系生长、开花结果所形成的生物量积累、以及由此所产生的营养消耗远低于其他果树，因此，花椒对矿质营养元素的需求并不很多，但对追肥效果的反应却很明显。椒园追肥时期、种类和数量，因所处立地条件、树体生长和结果情况、气候条件等因素综合确定（表 7 - 2）。

表 7 - 2　追肥施肥情况表

单位：kg/株

追肥时间	树龄	氮肥（尿素）	磷肥（过磷酸钙）	钾肥（氯化钾）	氮磷钾复合肥
萌芽抽梢展叶期（4 月上旬至 5 月上旬）	幼树和初果树	0.1～0.2			
	盛果树	0.2～0.3			
	老弱树	0.2～0.3			
开花坐果期（5 月中下旬）	幼树和初果树	0.2			
	盛果树	0.3			
	老弱树	0.3			

（续）

追肥时间	树龄	氮肥（尿素）	磷肥（过磷酸钙）	钾肥（氯化钾）	氮磷钾复合肥
果实膨大期（6～7月）	幼树和初果树	0.2			
	盛果树	0.3			
	老弱树	0.3			
果实着色期（8～9月）	幼树和初果树	0.1～0.2	1～2	0.2～0.3	
	盛果树	0.15～0.25	2～3	0.3～0.5	
	老弱树	0.2～0.3	2～3	0.3～0.5	
秋季营养期（9～10月）	幼树和初果树				0.2～0.3
	盛果树				0.3～0.5
	老弱树				0.3～0.5

幼龄和初果椒园，以促进树体营养生长、加快树冠形成为主要目的，施肥应以氮肥为主；盛果期椒园，树冠已经养成，应氮磷钾配合合理使用，过量使用氮肥容易导致夏秋梢抽生过多，反而影响来年树势和产量；树势衰老的椒园或老龄椒园，雨季和秋季可适当增加氮肥施用量，以复壮树势。据山东省济南市莱芜区林业局试验，连续施肥 3 年后，11 年生大红袍花椒园结果枝生长量、复叶面积、果穗粒数和单株鲜花椒产量均有显著提高。

从花椒年周期生长发育过程和需肥程度看，4～5 月份花椒集中完成萌芽、抽枝、开花和坐果，也是当年春梢延伸和叶面积形成时期，此期适时合理追肥，有利于促进树体同化营养积累和开花坐果，降低落花落果率，为椒园丰产奠定基础。6～7 月份是花椒果实膨大期，此期追肥，有利于促进果实膨大、降低落果率和"闭椒"比例。8～9 月份是北方红椒类秋椒亚类品种的着色期，追施氮磷肥料有利于促进果实营养物质转换积累和着色。9～10 月份是花椒树体的秋季营养积累期，结合施用基肥，适当补充氮磷钾复合肥，有利于促进根系生长和吸收、提高叶片同化能力和有机物积累，为来年树体健壮生长和丰产奠定基础。

从椒园立地条件看，沙石山粗骨质土保肥能力差，氮素和钾素营养流失严重，缺少磷素营养，施肥要注重少量多次，前期追施氮素肥料，中后期增加钾素和磷素肥料，并尽量避免大雨前施肥。青石山和黄土区土壤中缺少氮素和钾素营养，磷素营养有效性低，因此，前期施用氮肥，中期和后期施用氮磷钾复合肥。

土壤追肥的施用方法，通常有环形沟施肥、条形沟施肥、放射沟施肥和穴状施肥4种（图7-3）。施肥部位为树冠投影外缘树盘范围内。施肥深度10～15cm为宜；施肥过深，由于吸收根数量少，肥料利用率低。条形沟施肥以行间或株间对开双沟施肥最好，隔年轮换；穴状施肥，每株2～4穴为宜。

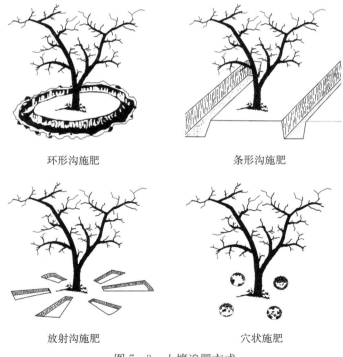

环形沟施肥　　　　　　　　　条形沟施肥

放射沟施肥　　　　　　　　　穴状施肥

图7-3　土壤追肥方式

除了土壤追肥以外，生长季节还可以进行叶面追肥，根据树体

生长发育需要和矿质营养状况，及时向树冠喷洒速效肥料，能够快速改善树体矿质营养水平，对减少落花落果、促进果实膨大和着色也有很好的作用效果。叶面喷肥可以在 5～8 月份，每间隔半月喷施一次，前期喷施 2.0% 尿素，中后期可以用 2.0% 尿素和 2.0% 磷酸二氢钾混合喷施。此外，在 4 月下旬至 5 月下旬花椒开花坐果期，可以结合叶面喷肥，喷施 50mg/L 赤霉素或农用保花保果药剂，以克服花椒无融合生殖内源赤霉素水平低的问题；为了节省用工和时间，叶面喷肥可以和椒园病虫害防治同步进行，将肥料混入药液中一起喷施（表 7-3）。

表 7-3　椒园叶面喷肥季节和肥料种类、浓度

时间	追肥时期	种类	喷施次数
4 月中下旬	开花坐果期	蔗糖、赤霉素、尿素	1～2
5～6 月	果实膨大期	硼砂、赤霉素、旱地龙、氨基酸钙、磷酸二氢钾	2～3
7 月下旬至 8 月上旬	成熟期	磷酸二氢钾、防落素	1～2

3. 椒园水分管理

花椒耐干旱，指的是花椒耐旱性强，但干旱年份花椒坐果率低、果实小、"闭眼椒"比例高、产量低、着色不佳、品质差。作为经济树种栽培，要获得高产优质花椒，必须根据花椒的生长发育进程和需水规律，科学合理地进行椒园水分管理。花椒极不耐涝，椒园短期积水或土壤滞水即发生涝害，轻则引发落叶和流胶病，严重时导致大量树木死亡。

我国椒园大部分分布在黄土丘陵（沟壑）区和土石山丘区，降水量多在 400～650mm，加之灌溉水源短缺和输水困难，存在比较严重的水分供需矛盾。为此，椒园水分管理应包括充分利用降水、提高土壤蓄水保墒能力、减少水分无效耗散、有效利用土壤水、合理灌溉补水等综合措施。

（1）拦蓄地表径流

山丘区椒园，每年雨季前要及时修砌损毁梯田地堰或鱼鳞坑外侧的拦流埂，拦蓄地表径流，尽量将降水滞留在椒园内；黄土区椒园，应借鉴集雨林业技术，在加固地堰土埂基础上，拍光地堰坡面，将更多降水汇集到花椒树穴中。土石山丘区漫坡栽植的花椒，应在花椒树下坡修砌一道半月形围埂或围堰，拦蓄地表径流进入花椒根系周围土壤中。

（2）提高土壤蓄持水分能力

土壤蓄持水分能力高低，与土层深度、土壤质地和结构，以及土壤有机质含量有关。山丘区椒园应通过深翻扩穴、压土垫园、增施有机肥等措施，加深活土层深度，增加土壤团聚体结构，改善土壤空隙结构，提高土壤蓄持水分能力，提高椒园抗旱能力。

此外，也可以在花椒根系分布区域内施入保水剂，增加土壤持水保水能力。保水剂是一类高吸水性有机分子，对水有强烈的缔合作用，能迅速吸收自身重量的 $200\sim300$ 倍水，保水力为 $13\sim14$ kg/cm²。保水剂施入土壤后，吸持的水分不会因重力或挤压而损失，但可以与土壤黏粒和毛细管之间发生水分交换，并被植物根系所吸收，同时也能吸持土壤中的多余水分。保水剂一般施入一次可以连续使用3年，但其功能逐年下降；此外，保水剂吸持水分的能力与水的硬度或电解质浓度有关，盐碱地不能使用保水剂，也不可以将化肥与保水剂一起使用。

（3）抑蒸节水

抑制地表蒸发和冠层蒸腾，能有效减少水分无效耗散，节约水分，延缓和减轻干旱对花椒树的伤害程度和减产幅度。

①地表抑蒸：据测定，椒园覆膜和覆草后，地表蒸发强度较对照分别下降 95% 和 80%。地表覆盖的具体要求是：春季土壤化冻后尽早开始椒园土壤管理，在完成施肥、浇水、整修树盘（行）以后，及时覆盖地膜，尽早控制土壤水分蒸发耗散；夏季利用农业生产提供的秸秆，粉碎（长度越小抑蒸效果越好）后覆盖椒园树盘或树行，厚度不小于3cm。此外，旱季划锄等也能有效减轻椒园土壤

蒸发。

②树冠抑蒸：植物蒸腾抑制剂依据其作用原理不同，分为有三种。薄膜型蒸腾抑制剂喷施后能够在叶片表面形成一层致密薄膜，阻挡叶片气孔蒸腾和角质层蒸腾；反射型蒸腾抑制剂喷施后能够在叶片表面形成一反射层，反射大部分太阳辐射，减少叶片接收太阳辐射量，从而有效降低了叶片自身用于控制其温度升高所必需的蒸腾作用；生理诱导型蒸腾抑制剂，喷施后能诱导叶片气孔保卫细胞吸水膨大，从而引起气孔开度下降，降低蒸腾速率。抑蒸剂喷施后其作用效果可以维持 5～7d。对比试验表明，反射型和生理诱导型喷施后能够抑制叶面蒸腾 60％～75％，而薄膜型抑蒸剂由于不均匀彻底喷洒于植物叶片背面（气孔分布在叶片背面），因此抑蒸效果不明显。

抑蒸剂使用方法简单，在干旱发生以后（或预计到干旱发生之前），采用一般农药喷洒器具均匀喷洒树冠，持续干旱可以间隔 10～15d 连续喷施 2～3 次。

（4）椒园灌溉

干旱是影响山地花椒园生长和产量的重要因素。花椒萌芽抽梢期干旱，导致新梢细弱，叶片小，光合面积不足，导致树势衰弱；花期干旱造成大量落花，坐果率降低；果实膨大期干旱，造成幼果发育停滞，果穗稀疏。我国甘肃、陕西、山西、山东、河南、河北红椒产区普遍春夏旱严重，适时灌溉能有效地满足花椒树木生长、开花坐果的需要，对提高产量和品质效果明显。

根据我国红椒产区气候特点，结合花椒需水规律，花椒萌芽抽梢展叶期、开花坐果期、果实膨大期遭遇干旱，应进行及时灌溉。有条件的椒园，可以结合水资源和灌溉设施配套建设，实施椒园滴管。据试验，旱季成龄花椒树每天大约需水 5kg，修建 500m³ 的蓄水池，可以满足 100 亩花椒园 10d 的用水量。缺少水利设施配套的，宜采取穴贮肥水的方式。在花椒树冠投影范围的树盘上，挖 2～4 个直径 30cm、深度 40cm 的穴，将秸秆打捆后置于穴中，撒少许化肥，灌水，然后将树盘整成凹形，覆膜。如此，能够在旱季重复浇

水施肥，也能保证降雨渗入树盘根际土壤中。采用这种方式能有效地促进枝梢生长，促进坐果，提高产量。试验表明，盛果期椒园5～6月花期和果实膨大期实施2次穴贮肥水（每次每株尿素0.25kg，灌水50kg），花椒结果枝长度、复叶面积、果穗粒数、单株鲜花椒产量提高53.1%、60.9%、49.1%、91.9%。

(5) 椒园排涝

无论山丘区还是平原区，都要重视椒园排涝，防止发生雨季水涝，同时要做到合理灌溉，避免大水漫灌造成地表积水或土壤长期滞水，引起次生涝害。

平原区建立椒园，应修建完善的排涝系统，以便雨季及时排除地表积水，及时降低地下水位至花椒根系分布层以下。对于低湿涝洼地，应修筑条台田并实行起垄栽培。山丘区花椒园，应在梯田内侧开挖排水沟，以确保雨季及时排除梯田内积水。

(二) 椒园树体管理

椒园树体管理包括整形、修剪和低产低效椒园更新改造三个方面。

1. 整形

花椒为小乔木，树高3～5m。自然生长条件下能形成具有主干的圆头树冠，通风透光差，产量低，采收不方便。为便于栽培和花椒采摘，宜养成矮化开张树形。花椒适宜培养的树形主要有多主枝丛状形、自然开心形、十字形和V字形。选择哪种树形，要根据品种特性、立地条件、栽培习惯等方面确定，但无论哪种树形，都要做到主枝稳健、树冠稀疏、枝组布局合理、透光充足。

(1) 多主枝丛状形（图7-4）

这种树形直接从定干高度以下的树干基部着生3～5个方向不同、长势均匀的主枝，成龄花椒树几乎看不出明显主干。每个主枝

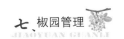

着生1~3个侧枝，第一侧枝距树基40~50cm，第二侧枝距第一侧枝20~40cm。每个侧枝着生1~2个二级侧枝（枝组）。主枝开张角度30°~50°，强旺主枝开张角度略大，较弱主枝开张角度略小。一级侧枝保持水平或斜向上伸出，二级侧枝（枝组）直立、倾斜或水平伸出。整形后的树体，有主枝3~5个，一级枝9~11个，二级枝（枝组）20~30个，整个树体比较紧

图7-4 花椒多主枝丛状形

凑矮小，树冠宽度和高度3m以下，适宜山丘区尤其是干旱瘠薄立地条件的地块营建椒园。

多主枝丛状形的整形过程和方法如下（图7-5）：

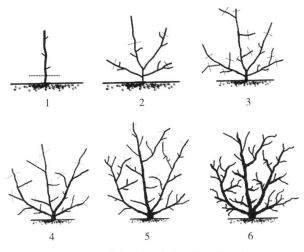

图7-5 花椒多主枝丛状形整形过程

①抹芽定枝，培养主枝：按照20cm左右定干，定植当年春季在苗干上抽生的新梢中，选留3~5个方位分布均匀、长势均衡的

新梢作为主枝，抹去其余萌芽。春季栽植，当年抽生的枝梢生长势弱，生长量一般不超过 50cm，因此对定枝后的主枝无须摘心或拉枝，放任其生长，以提高其生长势和生长量；秋季栽植的花椒，如果抽生的枝梢过于强旺而且分枝角度小于 30°，可以在夏秋季节适当拉枝，但开张角度一般不超过 45°。对于部分主干抽生新梢数量过少的单株，则可以在新梢 20cm 左右时摘心促进分枝，或者在第二年春季发芽前重短截（留桩不超过 20cm）促进抽生旺枝，作为主枝。

②一级侧枝培养：花椒栽植第二年，于春季发芽前，对主枝保留 50～80cm 短截，在当年抽生的侧枝中，选择上部 2～3 个生长势强、水平或斜向上伸出的枝条作为一级枝。一级枝离主枝分枝点 30cm 以上，间距不小于 20cm。

主枝中下部抽生的细弱枝，按照 20cm 左右的间距，选留空间和位置适当的作为辅养枝，于当年夏季摘心，培养中小各型结果枝组；或者对选留的辅养枝当年夏季不摘心，来年春季轻度短截并结合夏季摘心，培养大中型结果枝组。

通常情况下，主枝短截后如果当年抽生枝条长度不超过 50cm 则无须夏季摘心；如果长度超过 50cm 则可以保留 30～50cm 摘心。

③二级侧枝培养：花椒栽植第三年，春季发芽前对一级侧枝短截，短截保留长度 30～50cm，在抽生的枝条中选上部 1～2 个生长势强、水平或斜向上伸出的枝条作为二级枝。

在一级侧枝中下部细弱的枝条中，选留其空间和位置适当的，经春季轻度短截结合夏季摘心，培养中小型结果枝组。

第 1 年：植苗定干，培养主枝。春夏季抹芽定枝，夏秋季强旺直立枝适当开心不超过 45°。第 2 年：春季主枝短截，旺强中轻；上部抽生的强旺枝选留 2～3 个一级侧枝。下部抽生的细弱枝经夏季摘心培养中小结果枝组；或者留待来年春季发芽前轻度短截并经夏季摘心，培养大中型结果枝组。第 3 年：春季发芽前短截上部强旺一级侧枝，并经夏季摘心培养大中型结果枝组。在中下部选留适当枝条经春季轻度短截结合夏季摘心，培养小型结果枝组。

（2）自然开心形（图 7 - 6）

主干高 40～60cm，主枝分枝
点高度 30～40cm。分枝点以上均
匀着生 2～4 个主枝，主枝开张角
度 45°左右。每个主枝着生 2～3
个侧向或外斜向伸出的一级侧
枝，距主枝分枝点 40～50cm，间
距 30～50cm。每个一级侧枝着生
1～2 个二级侧枝，距一级侧枝分
枝点 30～40cm，间距 20～30cm。
主、侧枝上着生大小不一的结果
枝组。这种树形紧凑矮小，树高
一般不超过 3m，冠幅 3～4m，适
于立地条件较好的山丘区或平原区栽植。

图 7 - 6 花椒自然开心形树形

自然开心形树形的培养过程和方法如下（图 7 - 7）：

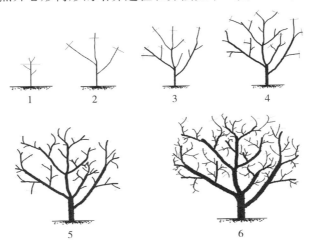

图 7 - 7 自然开心形整形过程

①抹芽定枝，培养主枝：按照 40～60cm 定干栽植。当年春季
在苗干中上部抽生的新梢中，选留 2～4 个空间和方位布局合理的

新梢作为主枝,抹去下部萌芽。通常情况下,定植当年夏秋季节,仅对个别直立枝(开张角度小于30°)适当拉枝开心(不超过45°),但无须摘心,以利于促进主枝生长,形成稳健的骨架结构;对于抽枝数量太少的单株,可以在新梢20cm左右时摘心,促其分枝,作为主枝。

②培养一级侧枝:第二年春季发芽前,按照留枝长度50～80cm短截主枝,促其抽生侧枝。在每个主枝的中上部选留2～3个侧向或斜向外伸展的强旺侧枝作为一级侧枝,一级侧枝距主枝分枝点40cm以上,间距20cm以上。对于主枝中下部抽生的侧枝,可选留位置和空间适当的,经夏季摘心培养中小型结果枝组;或来年春季轻度短截结合夏季摘心培养大中型结果枝组。

③培养二级侧枝:第三年春季萌芽前,按照30～50cm留枝长度短截一级侧枝,促其抽生侧枝。在每个一级枝上部选留1～2个侧生或者斜生的强旺枝作为二级侧枝,二级侧枝距一级侧枝分枝点30cm以上,间距20cm以上。在一级侧枝中下部抽生的侧枝中,选留空间充足的侧枝,萌芽前短截并结合夏季摘心,培养小型结果枝组。

(3)V字形(图7-8)

主干高度30～40cm,每株两个主枝,呈V字形向行间斜展。

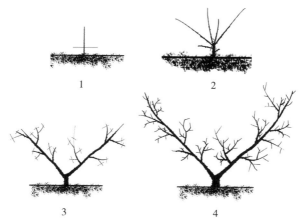

图7-8 V字形整形过程

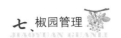

每个主枝上部着生 3～4 个侧生或斜向外生的一级侧枝，距主枝分枝点 70cm 以上，间距 30cm 以上；主枝下部着生数个结果枝组。每个一级侧枝着生 2～3 个侧生或斜向外生的二级侧枝，距一级侧枝分枝点 50cm 以上，间距 20cm 以上；一级侧枝下部着生数个结果枝组。行距 4m 以上的椒园，应继续培养三级侧枝或四级侧枝，形成宽大平展的树冠。

（4）**十字形**（图 7 - 9、图 7 - 10）

具有中央干，分枝点高度 30～40cm，主枝 4～6 个，分 2～3 层错落分布在主干上，开张角度 45°左右，全树主枝 2～3 层，层间距 40～60cm，

图 7 - 9　花椒十字形树形

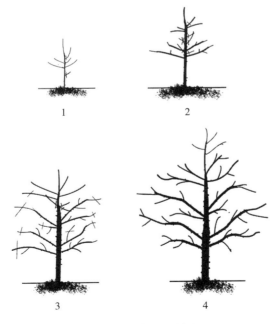

1　　　　　　　　　2

3　　　　　　　　　4

图 7 - 10　十字形整形过程

层内主枝间距 20～30cm。每层主枝呈对生或近对生状，上下层主枝呈十字形排列。每个主枝有侧枝 2～3 个，第一个侧枝离主干 30cm 以上，侧枝间距 20cm 以上。侧枝上直接培养结果枝组。这种树形呈柱状，树冠紧凑，冠高 3～4m，冠幅 2～3m，适于立地条件较好的地块密植栽培。

2. 花椒的修剪方法

（1）抹芽

抹芽是尽早抹除主干和各级骨干枝上萌发的背上芽、背下芽及剪口芽，以及空间不足、着生位置不当的其他萌芽的一种修剪措施。抹芽修剪能有效减少养分和水分消耗，使树体水分和养分集中用于结果母枝和结果枝生长，以及花序、果序和果实发育。及时有效实施抹芽修剪的花椒树，结果枝发育健壮，果穗坐果量大，单株产量提高。

（2）摘心

生长季节，在花椒新梢尚处于延长生长阶段，在特定时间摘去新梢顶部，或剪截去掉一部分新梢的修剪方法。

摘心修剪技术通常用于培养花椒结构枝组、促进花芽形成和结果母枝发育，有时候也用于对重度短截后骨干枝的培养。摘心时间早晚不同、摘心强度不同，对萌芽抽枝影响很大。生长季节早期摘心，有利于促进抽生二次枝，形成中等或较小的结构枝组；生长季节中后期摘心，则有利于新梢中上部芽子花芽形成。生产中，一般尽量安排合理时间实施摘心，尽量减小摘心强度，以减少养分消耗。

（3）疏剪

疏剪是将不同年龄的枝条、枝组从其着生基部剪除的一种修剪措施，应用于结果树休眠期和生长季节修剪。

疏剪的对象包括：①徒长枝；②树冠内的病虫枝、干枯枝、衰弱枝、细弱枝，以及交叉枝、重叠枝和并生枝；③树冠外围影响光照的竞争发育枝；④树体内空间和位置拥挤、影响通风透光的多余

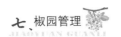

大枝，包括主枝和各级侧枝及外围延长枝。修剪后的植株生长势提高，结果枝发育健壮，果穗坐果量大，单株产量提高。⑤结果能力差的结果枝组和结果母枝。

生产中，通常根据上年果穗坐果情况判断植株结果能力，并据此确定对结果母枝和结果枝组的疏剪强度（比例）。在疏剪过程中，首先疏除细弱结果枝组，根据需要再疏除一部分细弱结果母枝。调查发现，经疏除一部分细弱结果枝组和结果母枝，花椒坐果率大幅度上升，果穗结果数量和花椒采收功效成倍提高，单株产量也有小幅增加。

表 7 - 4   花椒坐果能力与结果枝组（母枝）疏剪关系

果穗坐果数	坐果能力	结果枝组疏剪	结果母枝疏剪强度
≥40	强		5%细弱母枝
≥20<40	较强	5%细弱枝组	5%～10%细弱母枝
≥10<20	中等	5%～10%细弱枝组	10%～20%细弱母枝
≥5<10	弱	10%～20%细弱枝组	20%～40%细弱母枝
<5	极弱	20%～40%细弱枝组	40%～60%细弱母枝

（4）短截

短截修剪是指在休眠期对1年生枝条进行适当的剪截，目的是促进抽生健壮枝条，以培养各级骨干枝和结果枝组，提高局部生长势，促进树冠扩展。短截修剪通常用于新栽植幼树整形，以及初果幼树骨干枝和结果枝组培养。根据短截枝条的长度比例，将短截强度分为轻度短截（剪截长度小于1/3）、重度短截（短截长度1/3至1/2）、重度短截（1/2至2/3）和极重度短截（短截长度大于2/3）。轻度短截通常用于培养结果枝组，中度和重度短截通常用于培养各级骨干枝（图7-11）。

（5）回缩

回缩是对多年生枝进行缩剪的一项修剪措施。应用于盛果期大

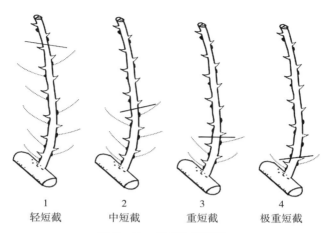

1	2	3	4
轻短截	中短截	重短截	极重短截

图 7-11　短截修剪图示

树或衰老大树休眠期修剪。

　　回缩修剪解决三个问题：一是通过回缩外围骨干延长枝，解决椒园株间和行间枝梢交接、郁闭度过大问题。回缩修剪时，剪口一般落在延长枝 5 年生以上的部位，并在剪口部位预留接班枝，或回缩后从萌条中选留伸展方向合适的枝条培养延长枝。二是通过回缩外围下垂延长枝，复壮延长枝生长势。回剪口应落在延长枝弯曲部位，预留接班枝，抬高枝角，复壮树势。三是通过回缩修剪更新结果枝组。对于部分空间和位置适当的老龄结果枝组，不宜采取疏剪措施，而是适当进行回缩修剪，促其抽生强旺枝，经夏季摘心后再次培养结果枝组。

　　不同修剪措施对花椒树生长势、枝条生长量和结果枝比例、果穗坐果率及单株鲜果重均有明显影响。生产中要根据椒园立地条件、花椒品种的抽枝结果特性和椒园管理水平，采取综合修剪措施，确保树势生长健壮、树冠通风透光良好、坐果能力强，实现椒园高产优质的栽培目标。

　　（6）加大分枝角度

　　花椒极性生长旺盛，主枝生长直立分枝角度较小，不利于树冠

扩展和受光充足冠层的培养。但是，由于花椒结果量大，主枝支撑挺立能力不够，人为过度加大分枝角度，往往造成主枝因为平展下垂而造成生长势下降，甚至出现主枝劈裂的现象。适宜的花椒主枝分枝角度宜30°～60°，最好在45°左右，夏秋季简单采取拉枝、压枝和撑枝等方法，在幼树整形的前1～2年完成主枝开张角度调整。

3. 修剪季节

花椒修剪季节分为休眠期（冬季）修剪和生长期修剪，生长期修剪又分夏季修剪和秋季修剪。不同时期修剪，适宜采取的修剪方法不尽一致，对促进花椒萌芽、抽枝和开花坐果，以及改善树体通风透光条件、调整树木生长势的作用效果不同。生产中应根据具体情况灵活选择合适的修剪季节和修剪方法。

①冬季修剪：在落叶以后到发芽之前的休眠期内修剪。采取的主要修剪措施有短截、疏剪、缩剪等，主要目的是调整树体结构、更新复壮延长枝和结构枝组、减少无效消耗，从而稳定和提高树势，增大果穗，提高产量。

②夏季修剪：在夏季萌芽和新梢速生期进行的修剪。主要修剪措施有抹芽、摘心等措施，有时候根据需要也可以采取必要的疏剪和缩剪等措施，主要目的是及早清除徒长枝和其他无效枝以减少营养消耗、培养结果枝组、改善冠层光照条件等。

③秋季休眠：秋季修剪是在采收以后至落叶之前进行疏剪。目的是清除结果能力低下的细弱母枝和枝组，以及树冠内的病虫枝和其他多余的无效枝条。目的是进一步改善树冠透风透光条件，促进树冠秋季同化作用，促进树体营养积累，对复壮树势、提高来年产量具有明显作用效果。

4. 几种重要的综合修剪技术措施

（1）主枝的培养

花椒定干前后栽植以后，由于缓苗作用，当年主干上抽生的新梢生长量较小，在抹芽定枝以后，一般不采取拉枝、摘心等其他修剪措施，而是任其自由生长以尽量增大生长量，形成稳定牢固的树冠骨架结构。对于主枝数量少的单株，可以在萌芽抽枝后尽早摘心，争取在 10～20cm 的新梢上抽生 1～2 条二次梢，作为主枝；也可以对仅有 1 条抽枝的单株，于第二年春季发芽前二次定干，重新培养主枝。

（2）开张树冠的培养

主枝的开张角度和各级骨干延长枝的伸展方向，共同决定了花椒开张树冠的特征。根据花椒的分枝特点和开花结果特点，一般将主枝开张角度控制在 45°左右，这样有利于形成牢固稳健的树体骨架结构。在此基础上，在培养各级侧枝的过程中，选留空间和位置适当、水平或斜向上伸展的枝条作为骨干延长枝，即能够培养成开张的树冠。

（3）结果枝组的培养

培养幼树结果枝组，有利于花椒实现早期结果丰产。方法是：利用培养骨干枝之外的多余枝条，对于长度 20cm 以上的枝条，于春季发芽前保留 20～30cm 短截，夏季保留 10～15cm 摘心，能够培养大型结果枝组；对于长度 20cm 以下的枝条，可不进行短截，发芽后选留 3～5 个新梢，待其生长至 10cm 以上时摘心，培养中小型结果枝组。枝条中后部长度小于 10cm 且着生花芽的断枝（母枝）则无须修剪，结果后来年转化成小型结果枝组。

（4）结果枝组的更新

长期连续多年结果的枝组，坐果能力下降，应及时进行更新。结果枝组的更新方法是：首先疏除全部或一部分小型"鸡爪"枝组，以及其他着生部位不合理的枝组；对于现有大中型枝组，选择空间和方位合理的枝组，对其进行重短截，促进抽生发育枝，当年生长季节进行摘心培养健壮枝组，或来年春季萌芽前短截结合夏季摘心，培养大中型结果枝组。

5. 椒园修剪和更新改造

(1) 初果幼树修剪

花椒经过 2～3 年的整形，即进入初果幼树期，此期持续 3～5 年，是树冠持续扩展和产量持续增加的时期，直至 6～8 年生长进入盛果期。初果幼树的修剪目的：一是继续促进分枝、扩大树冠；二是培养更多结果枝组数量，不断提高产量。

为此，营建采取以下配套修剪措施：①采用春季萌芽前短截技术，对伸展方向和空间位置合理的枝条适当短截，促进抽生侧枝，继续培养完善树体的二级枝、三级枝和四级枝，迅速扩展树冠，提高叶面积指数，为提早丰产奠定基础。②对多余辅养枝采取弱枝缓放、壮枝春季短截夏季摘心的修剪措施，培养结果枝组。③对空间和位置适当的当年萌生枝，待其长度 10～20cm 摘心，培养结果枝组。④适当对开张角度过小的延长枝拉枝开心，确保主枝开张角度不小于 30°，外围枝开张角度不小于 60°。⑤及时抹除或疏除主干及各级枝条上的多余萌芽萌条，避免抽生徒长枝；适当疏除过多过密各级延长枝，确保树冠骨干枝系分布均匀，受光充足。

(2) 盛果大树修剪

处于盛果期的壮龄花椒树，树冠扩展基本停滞，外围延长枝数量少，每年延长生长量小；树冠各级延长枝抽生发育枝和徒长枝数量少，树势稳定；结果枝组和结果母枝连续结果能力强，产量高而稳定。但由于连年大量结果，往往造成结果枝组和结果母枝早衰，表现为花序和果序小、坐果率低、果穗稀疏、"闭眼椒"比例高，而外围延长枝则逐年下垂，生长势不断降低，抽生发育枝能力不足。

针对上述生长发育特点，明确盛果期椒园的修剪目标是：改善树冠通风透光条件，稳定树势，以实现椒园连年丰产稳产。为此，盛果期椒园应采取如下修剪措施：每年采收后或冬季休眠期应细致修剪。夏季对徒长枝、过旺枝、主枝延长头多次摘心；用压泥球、拉枝等方法开张主枝角度。秋季逐年疏去过旺、过密枝组；有生长空间的徒长枝短截培养成结果枝，无生长空间的疏除；短截旺发育枝，疏除细弱枝、重叠枝、病虫枝及主干50cm以下的枝组。

修剪环节和措施包括：

①回落主干至1m上下；

②剪除直立性徒长枝，对于有生长空间的花椒树，可在生长季节拉枝，将其开张角度加大至60°左右；

③回缩外围株行间交叉重叠枝，回缩后确保株行间有2～3年的生长空间；

④疏除粗度0.2cm以下的细弱枝，以确保花椒健壮母枝抽生结果枝，增加果穗粒数，提高采收功效；

⑤短截延长枝，促进当年抽生健壮发育枝，为下年丰产打下基础；

⑥疏除病虫害枝条；

⑦疏除过于密集的交叉、并生枝，改善树冠光照条件，提高树势和产量。

（3）放任大树修剪

放任花椒树普遍具有主枝各级骨干枝过多、徒长枝丛生、枝条直立、树冠拥挤、产量低的特征。修剪过程中，第一，疏除过多主枝和各级骨干枝，形成通透的树冠结构。第二，回缩外围延长枝，复壮生长势；疏除树冠内的枯死枝和细弱枝。第三，重短截部分枝条，通过连续摘心，在树冠空间内培育布局合理的枝组。

（4）衰老椒树更新复壮

树龄20年以上的老龄花椒园，由于长期忽视病虫害防治和土肥水管理，加之缺乏修剪或修剪不合理，通常表现为树势生长衰弱，枝叶稀疏，病虫害严重，大小枯枝多，抽生新梢细弱，开花少，坐果率低，果穗粒数稀少，采收工效低下。对于这种椒园，应视具体情况进行必要的肥水管理、病虫害防治和更新复壮修剪。

①对尚有一定结果能力，亩产50kg左右椒皮的老龄椒园，应

在加强病虫害防治和肥水管理的基础上，进行综合更新复壮修剪。方法是：第一，彻底清除大小枯死枝并焚烧销毁；第二，疏除冠层密集多余枝条和衰弱枝条，减少肥水消耗，改善光照条件，复壮树势；第三，疏除过多细弱枝组和结果母枝；第四，重度回缩外围有更新抽枝能力的延长枝，促进抽生壮枝，恢复树势。采取上述冬季修剪措施以后，还要结合夏季抹芽、摘心等修剪措施，培养各级骨干枝和结果枝组。对于枝梢稀少的老龄椒园，也可以从树干基部平茬，萌发抽枝后重新培养树冠。

②对于亩产椒皮不足 25kg 的严重衰老椒园，应一次性全部清除，挖出根兜，焚烧销毁。清理后挖大穴重新栽植，避免在老树生长的树穴重新栽植。也可以在现有老龄椒园行间提前栽植花椒，3～4 年后待幼龄花椒结果时清理老龄花椒树。

（5）低产劣质椒园嫁接改造

对于幼龄或壮龄的品种陈旧劣质椒园，应尽快采用优良品种进行嫁接改造。嫁接季节和嫁接方法可以选择春季发芽期劈接、插皮接，也可以在夏秋季节对春季嫁接未成活的部位补充嫁接。嫁接萌芽后要及时抹除砧木萌芽，接穗抽枝后要及时缚绑防风折。

①新建椒园：栽植 1～3 年、树冠尚未形成的幼龄椒园，可以直接在主干上改接，嫁接后按照整形修剪方法培养树冠。

②成龄椒园，可以直接在骨干枝上改接，嫁接后短期内可形成新的树冠，迅速提高产量；可以在 20～30cm 高主干上多穗嫁接，培养多主枝丛生树形。

（三）花椒芽菜生产

花椒幼苗和嫩芽含有丰富的芳香性挥发油，是珍贵的木本蔬菜，适宜做各种菜肴和调料，食用清爽适口，增进食欲，是大众喜欢的木本蔬菜，市场需求大，供不应求。目前，花椒芽菜主要从结果花椒树上采集嫩芽，不但影响花椒产量和树势，而且产量低，供

应时间短而迟。营建专门的花椒芽菜园，能够大幅度提高单产水平，而且生产周期长，甚至能实现全年供应，所生产的芽菜芽头大，品质好，规模效益高，具有极大的发展前景。据调查，采用防虫网拱棚或冬暖大棚栽培设施栽培花椒芽苗菜，1 000m² 棚每年生产鲜嫩椒芽 500～1 000kg，收入 2 万～3 万元。

1. 防虫网设施花椒芽菜栽培技术

(1) 选地与整地做床

选择背风向阳、地势平坦、土壤肥沃、有排灌条件的壤质土。按照南北向规划成 10m 宽、100m 长的地块，每公顷撒施 2～4t 腐熟有机肥，翻耕耙平。顺地块长边整畦，畦宽 0.6m，畦背宽 0.4m，畦埂高 20cm，每个拱棚整畦 10 个。

(2) 建园

采用播种或植苗方式建园。建园时间以秋季 11 月中旬前后为宜，品种以各花椒产区当地普通大红袍为宜。播种建园后要灌封冻水；植苗建园应选用一级苗，栽苗后按照 20cm 高度定干，培土越冬。每畦植苗或播种 3 行，行距 20cm，株距（间苗定苗后）10～15cm，每个拱棚栽苗（定苗）6 000～10 000 株。

(3) 设施条件配套建设

搭设钢架或者竹材拱棚，拱高 2m，宽度与地块同宽，覆盖 60 目防虫网。四周开挖排水渠，宽 1m，深 0.5m。配套水电、滴管和水肥一体化系统。

(4) 管理

发芽前完成拱棚建设、搭设防虫网。发芽后撒土，适时浇水施肥，确保植株生长健壮、芽体肥大。一般每 5～10d 灌水一次，每半月施氮肥一次。生长季节每个月喷施杀菌剂一次，发芽前喷 3～5 波美度石硫合剂 1 次。

(5) 修剪和采芽

生长季节，每当嫩芽长度 10cm 左右时即开始采收，采用人工掰芽或掐芽，也可以使用采茶机具采芽。将采收嫩芽装入塑封袋，

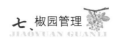

置于泡沫保温箱中加冰块冷链运输。

秋季落叶前或春季发芽前，采用园林机具进行统一高度回剪。连续采收3～5年后，采摘面萌芽能力下降，对椒芽蓬进行重度回剪（台刈），高度要落到苗干部位。

2. 冬暖式大棚花椒芽生产技术

选用普通冬暖式设施蔬菜大棚，膜下挂设防虫网。按照防虫网设施花椒芽菜栽培技术实施植苗（播种）、肥水管理、采芽和修剪等措施。进入5月份大棚撤去保温膜，进入10月份覆盖保温膜。

（四）椒园防寒

1. 花椒抗寒性与冻害发生规律

休眠期花椒具有较强的抗寒性，在暖温带花椒产区，冬季气温降至-18℃时，花椒不会发生冻害；但出现-25℃以下的极端低温时，则发生枝梢冻害干枯、树干皮部冻裂甚至地上部分全部枯死。花椒在秋季尚未进入休眠期以前，或春季萌芽以后，抗寒性很弱。秋季落叶前，短期出现-6℃以下的降温天气，则当年生枝梢受冻枯死，导致第二年减产或绝产；如果气温降至-8℃以下，则可能导致地上部全部发生冻害枯死，来年自根系重新萌生丛状枝梢。春季萌芽后，晴朗天气夜间降温至2～4℃以下则可能出现辐射霜冻；或者出现-3℃以下的短期寒流并伴随夜间平流霜冻，花椒嫩芽和花序受冻干枯，导致当年减产甚至绝产。

春季晚霜是椒园发生冻害减产的主要原因。晚霜冻害分为三种：

（1）平流霜冻。-2℃以下的冷气团入侵，同时伴有夜间平流霜冻发生，导致花椒嫩芽和花序受冻干枯。这种冻害类型不但发生频繁，而且发生规模大，危害严重，常导致整个花椒产区大幅度减产。

（2）辐射霜冻。气温下降至2℃以下的晴天，夜间通常发生辐

射霜冻害，其发生与否和发生程度，往往与地形地貌特征有关，山涧谷底、平原洼地以及山前阶地，通常容易发生辐射霜冻。因此，这种晚霜冻害的发生是局部的，不会导致产区大面积减产。由于辐射霜冻通常发生在半夜至黎明前，因此可以及时采取熏烟措施，减轻或避免霜冻害发生。

（3）混合霜冻。开始由冷气团侵入，接着夜间又有辐射降温发生，气温骤降，此类霜冻难以预防，导致花椒冻害发生严重，范围大，损失严重。

倒春寒引起的椒园晚霜冻害，因花椒品种及椒园局部的地形地貌特征而异。山东农业大学观察发现，2019 年 3 月 30～31 日，当地连续 2d 气温降至 1℃，夜间发生严重的晚霜，导致花椒种植资源圃多个花椒品种受冻严重，嫩芽和花序随后枯死。其中狮子头、西农无刺、小红冠、无刺椒和黄帽等品种冻害严重，当年嫩梢和花序全部受冻枯死，府谷一号和仡佬无刺冻害较轻，表现为部分新梢和花序受冻枯死，而当地品种少刺大红袍和莱芜大红袍，仅有个别新梢和花序发生冻害。就地形和地貌特征而言，一般地处山涧谷底或平原洼地的椒园，最易发生霜冻害；其次，山区背阴坡和西南坡发生霜冻害的频率较高。

调查发现，在山东莱芜花椒产区（当地主栽品种大红袍），如果晚霜冻害程度较轻，部分嫩梢和花序受冻枯死，则仅有未遭受冻害的部分花序开花坐果，而受冻母枝发芽后不形成二次花。如果全树新梢和花芽均遭受冻害干枯，则有的受冻单株，其母枝发芽后有的单株能大量形成二次花，并较正常果实晚 20d 成熟；而另有一些受冻单株，母枝萌芽后不形成二次花，受冻单株当年没有产量。

2. 椒园冻害预防措施

（1）选择抗寒品种

在长期的生产实践中，花椒产区一般都形成了当地的主栽品种，这些品种不仅具有丰产性和优质特性，而且也具有较强的抗寒

性，因此，新建椒园品种选择应以当地优良品种为主。引进外地优良品种，一定要进行必要的引种观察，在掌握其产量性状和质量性状基础上，还要通过连年对比试验，掌握其抗寒性。

（2）选择适当的园址

根据椒园冻害通常发生在秋季落叶之前和春季发芽之后的特点，营建椒园选择地块时，应尽量避免选择风口和冷空气集聚地。具体而言，山丘区应避免选择沟谷、风口、山脊、西南坡向的地块；平原区应避免选择洼地或山前谷地营建椒园。

（3）营建防风林

椒园四周栽植 2～4 行松树或侧柏，同时在椒园内间隔 20～30m 沿等高线顺梯田外缘栽植一行松树或侧柏（株距 3～4m），能显著提高椒园空气湿度，降低风速，温度提高 2～4℃，对于减轻椒园冻害具有明显效果。

（4）提高花椒抗寒性

为防止椒园发生秋季冻害，进入秋季以后，应严格对椒园控水控肥，尤其要尽早停止追施氮肥，避免过多抽生秋梢，以促进秋季营养转化为储藏营养；花椒采收以后，连续喷施矮壮素，并在秋季和春季冻害易发生时期提前喷施防冻剂，或者喷施其他一些提高植物抗逆性的药剂。此外，要强化椒园树体管理和病虫害防治，恢复和提高树势，提高花椒树抗寒性。

（5）椒园灌溉

水的凝结潜热很高，每千克水凝结过程中枝梢释放 2.5 万 kJ 热量，因此，椒园灌溉能有效减轻冻害发生程度。根据椒园冻害发生规律，参照天气预报信息，提前在寒流到来之前对椒园灌溉，提高土壤含水量和椒园空气湿度；有条件的椒园可以实施微喷，利用水汽降温和凝结释放大量热量以减轻椒园冻害。

（6）延迟花期

早春树干涂白或喷布石灰水，能延迟花期 2～3d；喷 0.5% 氯化钙溶液后，可延迟花期 5d 左右；萌芽期至开花前浇水，一般可延迟花期 2～3d。推迟花期有助于安全躲避晚霜冻害。

（7）椒园熏烟

对于秋季或春季降温，可采用熏烟法预防或减轻椒园冻害。具体做法有：

①堆烟法：将发烟材料（枯枝落叶、杂草、麦秸等）堆放于椒园上风口，每堆约用柴草 25kg，每亩椒园设 4～5 个烟堆，在霜冻来临时点燃发烟，使烟雾覆盖椒园。

②烟雾剂法：将硝铵、柴油、锯末，按 3：1：6 的重量比混合，分装在牛皮纸袋内，压实、封口，每袋装 1.5kg，可放烟 10～15min，控制 3～4 亩椒园。烟雾剂也可用 20％硝铵、15％废柴油、15％煤粉、50％锯末配置而成。使用时将烟雾剂挂在上风头引燃，使烟雾笼罩椒园。

3. 椒园冻害补救措施

（1）回剪枯死枝干，合理整形修剪

遭受冻害的椒园，应根据冻害发生时间和发生程度，采取不同的补救措施。

秋冬遭受冻害的椒园，来年春季枝梢未发芽，折断后发现皮部有水煮样痕迹并且逐渐失水干枯，而同时可发现大枝、主干或树干基部有新梢萌发。对这种发生冻害的椒园，应视冻害程度，剪除受冻干枯枝干，然后根据发芽抽梢情况，选择适宜树形，重新培养主枝、侧枝和枝组。

春季出现"倒春寒"，花椒发生晚霜冻害以后，通常当年萌发的嫩芽、新梢和花序受冻后干枯，但母枝一般不会受冻枯死，并在随后的时间内隐芽相继萌发，抽生发育枝。对于这种情况，应在培养骨干枝系的基础上，按照空间大小，合理布局和培养枝组。具体方法是：当新梢生长至 10～30cm 以上时摘心，促进萌发二次枝，当年即形成枝组。摘心留枝长度视空间大小确定，树冠内大的空间可以适当延迟摘心，培养大型枝组；反之培养中小型枝组。多余新梢应及时抹除。

低产低值、品种陈旧的椒园，遭受冻害后，应结合树形和骨干

枝培养，改接花椒良种。

（2）加强椒园管理，尽快恢复产量

要加强对遭受冻害的椒园土壤综合管理，及时浇水施肥，严密监控并适时防治病虫害，以便尽快恢复树势和产量。

八、椒园病虫害防治

（一）病虫害防治的原则

坚持"生态防控、绿色发展"的原则。以病虫源清除和物理防治为基础，全程常规防控以生物防治为主导，化学农药使用为辅助或应急措施。按照农药管理条例的规定，使用的药剂应符合《国家林用药剂安全使用准则》（LY/T 2648—2016）和《农药安全使用规范总则》（NY/T 1276—2007），农药安全使用应符合 GB 4285、GB/T 8321 的规定，农药残留符合 GB 2763—2019 的规定。

坚持"以防为主、防治结合，以物理和生物防治为主、化学防治为辅"的原则，在坚持每年秋末清园、树干涂白的同时，加强对主要病虫害的预测、预报，在病虫发生前和发生初期综合采用悬挂黄板、涂黏虫胶、喷洒石硫合剂及其他低毒、低残留农药进行防治。

（二）病虫害防治的关键配套技术措施

1. 农业措施

①秋末清园：秋末冬初，及时剪除椒园病枯枝，清除园内的枯枝落叶及杂草，并集中烧毁或深埋，以消灭越冬病菌和虫卵。

②树干涂白：每年 11 月中下旬花椒落叶后，配制"涂白剂"进行树干涂白（见附录 1），以杀死树皮内隐藏的越冬虫卵和病菌。

2. 物理防治

①灯光诱杀：在椒园内和四周挂诱虫灯，诱杀害虫。

②黄板诱杀：4月下旬至5月上旬，在花椒园中沿树行每隔5m左右挂1个黄色黏虫板，以吸引和黏杀花椒有翅蚜、凤蝶、樗蚕成虫等。

③黏虫带黏杀：早春3月中下旬，在每个树干的基部缠裹黏虫带，可黏杀越冬出土后害虫。

3. 生物防治

①保护及利用天敌：保护椒园及其周边环境中自然天敌草蛉、捕食性蜘蛛等天敌，适时释放捕食性蜘蛛、管氏肿腿蜂、花绒寄甲等。

②利用生物药剂进行防治：悬挂2亿孢子/cm^2球孢白僵菌挂条防治天牛危害等。

4. 化学防治

①喷洒石硫合剂：早春萌芽前，全园（枝干和地面）喷洒5波美度石硫合剂，以杀灭越冬虫卵及病原菌（附录2石硫合剂熬制方法）。

②选用低毒、低残留农药：针对花椒园中常出现的锈病、炭疽病、煤污病、蚜虫、红蜘蛛、花椒凤蝶等主要病虫害，使用国家农药管理规定公布的农药进行防治。

（三）花椒主要病害及防治

1. 花椒锈病

（1）危害症状和发生规律

花椒锈病俗称黄疸病。叶片染病后，叶背面现黄色、裸露的夏孢子堆，圆形至椭圆形，包被破裂后变为橙黄色，后又褪为浅黄色，叶正面出现红褐色斑块，秋后形成冬孢子堆，圆形，橙黄色至暗黄色，严重时孢子堆扩展至全叶。花椒锈病主要危害花椒叶片，一般6月间开始发病，7~8月是发病危害最重的时期。发病初期，叶片上出现圆形失绿斑，失绿斑上生褐色至黑色小点（性孢子器），

病斑背面生橘黄色至白色的杯状锈子器。病斑逐渐坏死变为黑褐色。一般秋季气温高、雨水多、空气湿度大时适宜病菌繁殖，锈病菌丝体向叶片内外大量增生，使叶片的功能丧失，患病叶片脱落，对花椒树造成严重危害。

（2）防治方法

花椒落叶之后，将病枝、落叶进行清扫，集中烧毁，彻底清除和消灭越冬病原菌；加强水肥管理以增强树势，提高椒树的抗病能力；利用无性繁殖或嫁接等培育抗病品种。

入冬前或早春，树干涂白（硫黄粉：石灰：水＝1：10：40）。在落叶后及翌年花椒萌芽前喷 5 波美度石硫合剂。

掌握当地花椒锈病的发病时间，在发病前 5d 喷一次 1：1：100 倍的波尔多液进行预防。历年发病严重的椒园隔 5d 再喷 1 次，以预防锈病发生。

6 月上中旬，可选择 22.5％啶氧菌酯悬浮剂 1 500 倍液，间隔 10～15d，施用 2～3 次或 80％代森锰锌可湿性粉剂 600 倍液，间隔期 7～10d，施药 3～5 次，喷雾防治。

2. 花椒炭疽病

（1）危害症状及发生规律

花椒炭疽病危害果实、叶片及嫩梢，造成落果、落叶、枯梢等现象。发病初期果面出现数个分布不规则的褐色小点，后期病斑变成深褐色、圆形或近圆形，中央下陷，天气干燥时，病斑中央灰色，上具褐色至黑色、轮纹状排列的粒点；阴雨高温天气，病斑小黑点呈粉红色小突起。叶片、新梢染病，具褐色至黑色病斑。该病菌在病果、病枯梢及病叶中越冬，成为次年初次侵染来源。病菌的分生孢子能借风、雨、昆虫等进行传播。一年中能多次侵染危害。每年 6 月下旬至 7 月上旬开始发病，8 月份为发病盛期。花椒园密度大，通风不良，椒树生长衰弱，高温高湿等条件下，有利于病害的发生。

（2）防治方法

加强椒园管理，及时松土除草，促进椒树旺盛生长，并注意椒园通风透光。6 月上旬、下旬，7 月中下旬，8 月上旬，可交替选用 430g/L 戊唑醇悬浮剂 2 000 倍液、250g/L 嘧菌酯悬浮剂 1 500 倍液、40％苯甲・咪鲜胺水乳剂 2 000 倍液或 200 倍等量式波尔多液，3～5 次用药。

3. 花椒根腐病

(1) 危害症状和发生规律

主要危害一年生花椒苗木，常造成苗木成片死亡。成年椒树亦可感病，但危害较轻。花椒苗期感病后，叶片失绿、叶脉变红，后脱落，小枝条枯死。成株感病后，严重时整株死亡。不论苗期、成株期发生根腐病，其地下根部呈水肿状，树皮易脱落，并有异臭味。

(2) 防治方法

避免在有根腐病病史的土壤育苗或栽植花椒树；加强育苗地排水管理，可有效避免花椒根腐病发生。幼树、成年树多施有机肥，增施磷钾肥、草木灰等，增强树体的抗病能力。花椒树感染根腐病后，应及时剪除病根，并在剪口处涂抹杀菌剂进行消毒。结合秋冬施肥，及时换土，并用甲基托布津进行土壤消毒处理，减轻该病的进一步扩展和蔓延。

4. 花椒干腐病

(1) 危害症状和发生规律

主要危害花椒树干和大枝。病菌寄生于花椒树干或大枝上，致使受害部腐朽脱落，露出木质部；同时病斑向四周健康部位扩展，形成大型长条状溃疡，后期在病部往往产生覆瓦状子实体，严重时造成花椒树枯死。在干燥条件下，病菌菌褶向内卷曲，子实体在干燥过程中收缩，起保护作用。如遇有适宜温湿度、特别是雨后，子实体表面绒毛迅速吸水恢复生长，在数小时内释放出孢子进行传播蔓延。病菌可从机械伤口（如修剪口、锯口和虫害伤口）入侵，引发此病。树势衰弱、抗病力差的椒树易感病。

（2）防治方法

加强椒园管理，发现枯死椒树及早挖除并烧毁。对树势衰弱的花椒树，要合理施肥，恢复树势，增强抗病力；对病树长出的子实体，应立即摘除，并集中深埋或烧毁，在病部涂 1％硫酸铜液消毒。保护树体，减少伤口；对锯口、修剪口，要涂 1％硫酸铜或40％福美砷可湿性粉剂 100 倍液消毒，然后再涂波尔多液保护，以减少病菌侵染。深秋或翌春树体萌芽前，喷洒 5 波美度石硫合剂。发病初期时，用尖刀挖去病斑，不见褐色病斑为止；发病盛期时，用刀在病斑处竖向划割（间隔 1～2cm），划破表皮即可。可选择21％过氧乙酸水剂 5 倍液，用毛刷涂抹药剂，间隔 10～15d 重复 1 次；也可选择 30％戊唑醇·多菌灵悬浮剂 600 倍液或 25％吡唑醚菌酯乳油 1 500 倍液，与聚乙烯醇液混合使用，间隔 10～15d，2～3 次。刮除的病斑，及时清理销毁。

5. 花椒黑胫病

（1）危害症状和发生规律

花椒黑胫病又叫花椒流胶病。该病主要发生在根茎部，根茎感病后，初期出现浅褐色水渍状病斑，病斑微凹陷，有黄褐色胶质流出。以后病部缢缩，变为黑褐色，皮层紧贴木质部。根茎基部被病斑环切后，椒叶发黄，病部和病部以上枝干多处产生纵向裂口，也有从裂口处流出黄褐色胶汁，干后成胶，导致花椒生长不良，甚至整株死亡。患病花椒所结果实，颜色土红，做调料食用无味，致使品质降低，失去经济价值。花椒黑胫病菌存在土壤中，是一种靠土壤和水流传播的病害。病菌从椒树根茎部伤口或皮孔侵入而发病。病菌从 3～11 月都可侵染，染病后病情发展快慢则取决于气温高低，气温在 15～25℃范围时，病斑会随气温升高而扩展。一般每年 5 月中下旬开始发病，6 月底之前发病比较缓慢，7 月中旬至 8 月上旬为发病高峰期，8 月中下旬发病减慢。椒树发病程度与生态环境及管理水平密切相关，一般水浇地或雨水多的地区及病虫害防治差的花椒树发病较重。

（2）防治方法

加强椒园管理，增强树体抗性；增施有机肥，改善土壤状况；冬春季树干涂白，防止冻害、日灼，减少机械损伤。防治蛀干性害虫，做好花椒窄吉丁、柳干木蠹蛾、天牛类等蛀干性害虫的防治工作；及时剪除病枝并烧毁。刮除病斑，用 21％过氧乙酸水剂 5 倍液，用毛刷涂抹药剂。

6. 枯梢病

（1）危害症状和发生规律

花椒枯梢病主要危害当年生小枝嫩梢，造成部分枝梢枯死。发病初期病斑不明显，但嫩梢有失水萎蔫症状；后期嫩梢枯死、直立，小枝上产生灰褐色、长条形病斑。病斑上生有许多黑色小点，略突出表皮，即为分生孢子器。花椒枯梢病以菌丝体和分生孢子器在病组织中越冬。翌年春季病斑上的分生孢子器产生分生孢子，借风、雨传播。在一年中，病原菌可多次侵染危害。

（2）防治方法

加强椒园管理，增强树势，是防治此病的重要途径；在生产管理中，发现病枯梢，应随时剪除烧毁。雨季到来前至发病高峰期，可选择 70％代森锰锌 800 倍液、50％多菌灵可湿性粉剂 600 倍液、25％戊唑醇乳油 2 000 倍液、30％吡唑醚菌酯悬浮剂 5 000 倍液或 70％甲基硫菌灵 700 倍液，发病初期树冠喷雾，间隔期 7～10d，连喷 3 次。

7. 花椒黄叶病

（1）危害症状和发生规律

花椒黄叶病又名花椒黄化病、缺铁失绿病，属生理病害。主要是土壤缺少可吸收性铁离子而造成。由于可吸收铁元素供给不足，叶绿素形成受到破坏，呼吸酶的活力受到抑制，致使枝叶发育不良，造成黄叶形成。以盐碱土和石灰质过高的地区发生比较普遍，尤以幼苗和幼树受害严重。发病多从花椒新梢上部嫩叶开始。初期

117

叶肉变黄而叶脉仍保持绿色，使叶片呈网纹失绿。发病严重时全叶变为黄白色，病叶边缘变褐而焦枯，病枝细弱，节间缩短，芽不饱满，枝条发软而易弯曲，花芽难形成，对产量影响较大。一般花椒抽梢季节发病最重，多在4月份出现症状，严重地区6～7月即大量落叶，8～9月枝条中间叶片落光，顶端仅留几片小黄叶。干旱年份或生长旺盛季节发病略有减轻。

（2）防治方法

选择抗病品种，或选用抗病砧木进行嫁接；压绿肥和增施有机肥，以改良土壤理化性状和通气状况，增强根系微生物活力；加强盐碱地改良，科学灌水，洗碱压碱，减少土壤含盐量；旱季应及时灌水，灌水后及时中耕，以减少水分蒸发；对地下水位高的椒园应注意排水。在花椒黄叶病发生严重地区，可用30%康地宝液剂，每株20～30mm，加水稀释浇灌。能迅速降碱除盐，调节土壤理化性状，使土壤中营养物质和铁元素转化为可利用状态，解除生理缺素症状；或结合施有机肥料时，增施硫酸亚铁，每株施硫酸亚铁1.0～1.5kg；或花椒发芽前喷施0.3%硫酸亚铁；或生长季节喷洒0.1%～0.2%硫酸亚铁。

8. 花椒煤污病

（1）危害症状和发生规律

花椒煤污病又称黑霉病、煤烟病、煤病等。除危害花椒叶片外，还危害嫩梢及果实。初期在叶片表面生有薄薄一层暗色霉斑，稍带灰色或稍带暗色，随着霉斑的扩大、增多，黑色霉层上散生黑色小粒点（子囊壳），此时霉极易剥离（亦有不易剥离者）。由于褐色霉层阻碍光合作用而影响花椒的正常生长发育，多伴随与虫、蚧壳虫和斑衣蜡蝉的发生而发生。病菌以菌丝及子囊壳在病组织上越冬，次年由此飞散出孢子，由蚜虫、斑衣蜡蝉的分泌物而繁殖引起发病。病菌在寄主上并不直接危害，主要是覆盖在寄主上妨碍光合作用而影响正常的生长发育。在多风、空气潮湿、树冠枝叶茂密、通风不良的情况下，有利于病害的发生。

(2) 防治方法

注意整形修剪，树冠通风透光，降低湿度，以减轻煤污病的发生；蚜虫、蚧壳虫发生严重时，及时剪除被害枝条，集中烧毁。早春椒树发芽前，喷布 5 波美度石硫合剂，或 45％晶体石硫合剂 100 倍液，或 97％机油乳剂 30～50 倍液；生长期，蚜虫、蚧壳虫同时发生时，于蚧壳虫雌虫膨大前，喷布 1％洗衣粉混合 1％煤油。

9. 花椒花叶病

(1) 危害症状和发生规律

花椒花叶病俗称黄斑病，由花椒花叶病毒引起，主要通过苗木、接穗和带毒蚜虫、蚧壳虫等传播蔓延，危害叶片。

(2) 防治方法

及时拔除苗圃中的花椒病苗，集中烧毁，以防扩大传染；花椒嫁接时，应选用无病枝条作接穗，或用无病、抗病砧木，以避免花叶病的发生；及时刨除被害严重的大树，妥善处理，重栽健壮苗木。及时防治刺吸式蚜虫、木虱和粉虱等害虫。

10. 花椒枝枯病

(1) 危害症状和发生规律

花椒枝枯病俗称枯枝病、枯萎病。主要危害花椒枝干，常发生于大枝基部、小枝分枝处或幼树主秆上，引起枝枯，后期干缩。发病初期病斑不甚明显，但随着病情的发展，病斑呈现灰褐色至黑褐色椭圆形，以后逐渐扩展为长条形。病斑环切枝干一周时，则引起上部枝条枯萎，后期干缩枯死，秋季其上生黑色小突起，顶破表皮而外露。病菌以分生孢子器或菌丝体在病部越冬，翌年春季产生分生孢子，进行初侵染，引起发病。在高湿条件下，尤其遇雨或灌溉后，侵入的病菌释放出孢子进行再侵染。分生孢子借雨水或风及昆虫传播，雨季随雨水沿枝下流，使枝干形成更多病斑，导致干枯。一般椒园管理不善，树势衰弱，或枝条失水收缩，冬季低温冻伤，地势低洼，土壤黏重，排水不良，通风不好，有利于发生枝枯病。

（2）防治方法

在椒树生长季节，及时灌水，合理施肥，增强树势；合理修剪，减少伤口，清除病枝；秋末冬初，用生石灰 2.5kg、食盐 1.25kg、硫黄粉 0.75kg、水胶 0.1kg、水 20kg，配成涂白剂，涂白树枝干，避免陈害，减少发病机会。深秋或翌春树体萌芽前，喷洒 5 波美度石硫合剂，或 45％晶体石硫合剂 150 倍液进行防治。

（四）花椒主要虫害及防治

1. 花椒棉蚜

（1）危害特点和发生规律

花椒棉蚜常群集在花椒嫩叶和幼嫩枝梢上刺吸汁液，造成叶片卷缩，引起落花落果，同时排泄的黏性蜜露易诱发花椒锈病（烟煤病），影响叶片的光合效率。以卵在花椒芽体或树皮裂缝中越冬。花椒萌芽后，越冬卵孵化，无翅胎生雌蚜开始危害嫩梢。之后产生有翅胎生雌蚜，迁飞各处危害。

（2）防治方法

结合修剪，剪除被害枝条或有虫、卵的枝梢。保护花椒园及其周边环境中自然天敌草蛉、瓢虫、花蝽、蚜茧蜂、食蚜蝇及捕食性蜘蛛等天敌；适时释放捕食性蜘蛛。发生期，花椒园内设置黄色黏虫板进行诱杀，每 4 株树 1 块黄色黏虫板，悬挂高度高出树冠 30～50cm。

在花椒棉蚜种群上升期，可选用 10％吡虫啉可湿性粉剂 2 000～4 000 倍液或 1.8％阿维菌素乳油 2 000～4 000 倍液，施药 3～5 次。

2. 天牛类害虫（二斑黑绒天牛、桃红颈天牛）

（1）危害症状和发生规律

以幼虫蛀食花椒枝干木质部，被害花椒树势衰弱，严重时树枝易折断甚至整株枯死。

（2）防治方法

采摘花椒时，剪除枯萎枝梢，将清理物及时带出椒园集中堆腐，进行资源化利用。花椒园内悬挂频振式杀虫灯，悬挂高度 1.8～2.0m，悬挂密度每 20 亩花椒园悬挂 1 盏。

幼虫危害期（3 月下旬至 9 月上旬），发现排粪孔后，及时清除排泄孔中的虫粪、木屑，用细铁丝钩杀幼虫。或采用 400 亿孢子/g 球孢白僵菌可湿性粉剂 1 500 倍液注射虫孔或制作药棉、药泥封堵孔口，或 20% 吡虫啉在干基钻孔，钻头与树成 45°角打孔注药防治幼虫。

7 月份成虫发生期，可人工捕捉。或采用 3% 噻虫啉微胶囊剂 2 000 倍常量或超低量喷干，间隔 20～30d，连喷 2～3 次；或选择 2 亿孢子/cm² 球孢白僵菌挂条，距地面 1.5m 左右，螺旋缠绕无纺布挂条，每 15 棵花椒树挂 2～3 条为宜。

成虫产卵期，可选择 3% 噻虫啉微胶囊 2 000 倍毒杀卵及初孵幼虫，间隔 10～15d，连喷 3 次。

在发生轻、中度的花椒园内释放管氏肿腿蜂。在树干基部，按照每株树 30～50 头蜂释放。选择桃红颈天牛老熟幼虫期或蛹期，按桃红颈天牛与花绒寄甲成虫 1∶2 比例，或于春季、秋季按照桃红颈天牛与花绒寄甲卵 1∶20～30 的比例释放 2 次。

3. 玉带凤蝶

（1）危害症状和发生规律

玉带凤蝶又名黑凤蝶、白带凤蝶、缟凤蝶等，危害花椒，以幼虫取食花椒芽、叶，初龄幼虫食叶造成缺刻与孔洞，大龄幼虫常可将叶片吃光，只残留叶柄。以蛹在枝干及叶背等隐蔽处越冬。卵散产于叶上，个别产于枝干上。幼虫孵化后，先食去卵壳，再食叶片。

（2）防治方法

冬季人工清除挂在枝梢上的越冬蛹，并集中放入纱笼内，以保护天敌。发生比较轻微时，人工捕杀幼虫和蛹。幼虫大量发生时，选择 0.3% 印楝素乳油 400 倍液或 8 000IU/μL 苏云金杆菌悬浮剂

600 倍液树冠喷雾，间隔 7～10d，连喷 2～3 次。

4. 红蜘蛛

（1）危害症状和发生规律

红蜘蛛又叫山楂叶螨、叶螨。以弱螨、成虫对花椒进行危害，常以集群在叶背拉网，刺吸花椒芽、嫩枝汁液，以后刺吸叶片汁液。严重时导致大量落叶，使树势衰弱。红蜘蛛以受精雌成虫在枝干树皮裂缝内、粗皮下及靠近树干基部土块缝里越冬。越冬成虫在花椒发芽时开始活动，并危害幼芽。第一代幼虫在花序伸长期开始出现，盛花期危害最盛。雌雄交尾后产卵于叶背主脉两侧，也可孤雌生殖。高温干旱年份危害较为严重。

（2）防治方法

冬初进行树干涂白或萌芽前喷洒 5 波美度石硫合剂。盛花初期，保护利用天敌，释放等钳螺螨、加州新小绥螨、少毛钝绥螨等捕食螨，把捕食螨缓释袋剪开，开口稍向下倾斜，固定花椒树主干树杈的背阴处，1 袋/株，捕食螨数量＞1 500 头/袋；深点食螨瓢虫按照害螨：深点食螨瓢虫＝50～100：1 释放。若螨发生盛期，可选择 30％阿维·螺螨酯悬浮剂 6 000 倍液或 30％乙唑螨腈悬浮剂 3 000～6 000 倍液交替使用，间隔期 28d，1～2 次。

5. 花椒瘿蚊

（1）危害症状及发生规律

花椒瘿蚊又名椒干瘿蚊，体小，是一种少见的寄生性害虫，主要寄生在当年新长的幼嫩花椒枝干（枝条）。受害后幼嫩枝干上形成大小不等的凸包，枝干呈畸形，在韧皮部或韧皮部与木质部之间造成许多小孔洞，轻者水分和养分不足，致使叶片脱落，开花挂果较少；重者枝干四周密布虫瘿，输导管严重破坏，切断上部树枝对水分和营养物质的吸收，常常造成枝条干枯死亡。

（2）防治方法

剪去虫害枝，并在修剪口及时涂抹愈伤防腐膜保护伤口，防止病菌侵入，及时收集病虫枝烧掉或深埋。肥水充足，铲除杂草，在花椒花蕾期、幼果期、果实膨大期各喷洒一次花椒壮蒂灵，提高花椒树抗病能力，同时可使花椒椒皮厚、椒果壮、色泽艳、天然品味香浓。在花椒采收后及时喷洒针对性药剂加新高脂膜增强药效，防止气传性病菌的侵入，并用棉花蘸药剂在颗瘤上点搽，全园喷洒护树将军进行消毒。

6. 花椒根结线虫

（1）危害症状和发生规律

主要危害花椒根，寄生在根皮与中柱中间，刺激根组织过度生长，形成大小不等的结节，如同根瘤。结节多为球形，表面初白色、后变黄褐色至黑褐色。结节多在细根上，严重者产生次生结节及大量的小根，致使根系盘结，形成须根团。老结节多破裂分解，造成腐烂坏死。根系受害后，树冠出现枝梢短弱，叶片变小，生长衰退。严重时，地上部变黄、枯萎，而后死亡。花椒根结线虫主要以卵或雌虫在土中、寄主体内越冬。次年当外界条件适宜时，在卵囊内发育成的卵孵化为 1 龄幼虫藏在卵内，后脱皮破卵壳而出，形成能侵染的 2 龄幼虫。生活于土中的 2 龄幼虫，在遇有嫩根时，侵入根皮与中柱之间危害，刺激根组织在根尖部形成不规则根结，在结节内生长发育的幼虫再经三次脱皮发育为成虫。雌、雄虫成熟后交配产卵。该线虫一年可发生多代，多次再侵染。线虫可通过病苗、水流、肥料、农具、人畜等传播，通过机械伤口、地下害虫危害伤口、生理裂口和皮孔侵入植物根组织中。

（2）防治方法

培育无病苗木，严禁用栽培过花椒、柑橘等芸香科植物的地块育苗；如发现零星病株，应仔细挖除（注意不使细根散失），然后集中烧毁。每半月灌水一次，连续进行两个月发病轻的苗木在栽植前，可用 50℃ 温水浸根 10min；病区播种育苗，或栽植新花椒苗木时，每亩用 80% 二溴氯丙烷 200～250 倍液喷淋土壤，耙后开穴播种，或栽植花椒；在土温较高时，把花椒树冠下周围 10～15cm 深

表土挖开，用80％二溴氯丙烷乳油100～150倍液均匀灌入，然后覆土压实。但挂果椒树，采收前一个月内严禁喷药。

7. 花椒窄吉丁虫

（1）危害症状和发生规律

花椒窄吉丁虫是危害花椒的毁灭性害虫，主要以幼虫在地上40cm范围内的主干上蛀食韧皮部和木质部，虫道5～15mm，内充满虫粪，受害部位向外流出淡红褐色液体（流胶），该处皮层逐渐变软、腐烂、干缩、下陷、龟裂直至脱落。受害严重的树干下部树皮和形成层全部被蛀食成隧道，最终导致树体因营养和水分匮乏而死亡。以老龄幼虫在木质部或树皮下越冬。成虫有假死性、喜热、向光性强，飞行速度快，多于中午前后活动，以嫩叶补充营养，交尾后产卵成块状，多分布于主干以下的粗糙表皮、皮刺根基、小枝、基部等处。幼虫孵化后，即刻就地蛀入树皮危害，初龄幼虫先在韧皮部钻蛀取食，蛀道如线形，呈褐色，幼虫蛀入树皮后2～3d，树皮出现小胶点，20d后形成胶疤，越冬前流胶停止，当年幼虫危害流胶较多，次年流胶较少。该虫以树干中下部20～35cm处最多，干径4cm以上的枝干受害重，而树中上部分布很少。

（2）防治方法

成虫羽化前，砍伐和剪除被害的濒死木、干枯枝，集中烧毁，减少虫源。成虫产卵期和卵孵化期，可选择10％氯氰菊酯乳油1 500倍液树干喷雾防治成虫；70％吡虫啉水分散粒剂4 000倍液树干喷雾，毒杀卵及初孵幼虫。幼虫沿皮层危害时，可选择70％吡虫啉水分散粒剂2 500倍液或1.8％阿维菌素乳油500倍液涂抹虫疤，然后用保鲜膜包裹，10d后拆除保鲜膜。

8. 斑衣蜡蝉

（1）危害症状和发生规律

又名椿皮蜡蝉、斑蜡蝉。以成虫、若虫群集在叶背、嫩梢上刺吸危害，栖息时头翘起，有时可见数十头群集在新梢上，排列成一条直线；引起被害植株发生煤污病或嫩梢萎缩，畸形等，严重影响植株的生长和发育。以卵块于枝干上越冬。若虫喜群集嫩茎和叶背危害，多产在枝杈处的阴面，以卵越冬。成虫、若虫均有群集性，较活泼、善于跳跃。受惊扰即跳离，成虫则以跳助飞。

（2）防治方法

减少虫源。在花椒园内及附近不种植臭椿、苦楝等喜食植物。若虫和成虫盛发期，用小捕虫网进行捕杀。幼虫期（若虫）、成虫盛发期至卵孵化盛期，可选用1.2%苦参碱烟碱乳油1 000倍液、10%吡虫啉可湿性粉剂2 500倍液喷雾，间隔期7～10d，2～3次。

8月中下旬摘除卵块，集中烧毁。若虫或成虫期，喷洒6%吡虫啉2 000～3 000倍液或50%马拉硫磷800～1 000倍液进行防治。由于虫体特别若虫被有蜡粉，所用药液中如能混用含油量0.3%～0.4%柴油乳油剂或黏土柴油乳剂，可显著提高防效。

9. 蚧壳虫类（桑白蚧、杨白片盾蚧、草履蚧、梨圆蚧）

（1）危害症状和发生规律

以若虫在嫩芽顶部和幼叶背面取食，致使叶片、顶芽扭曲、畸形，花序不能正常抽生，造成落花落果。

（2）防治方法

保护和利用黑缘红瓢虫、暗红瓢虫、异色瓢虫、隐斑瓢虫、龟纹瓢虫、红点唇瓢虫、肾斑唇瓢虫、华鹿瓢虫、黄斑盘瓢虫、红圆蚧金黄蚜小蜂、短绿毛蚧小蜂、日本方头甲等天敌。

2月下旬，初孵若虫出土上树前，自地面的树干基部起，包裹宽30～40cm的薄膜或单面胶带（外表光滑），防止若虫上树危害，若虫聚集后集中销毁。或用废机油和菊酯类药剂按照15：1的比例混合，在树干20cm处涂刷20cm宽的隔离环毒杀（幼龄树注意药害）。

4月萌芽前，喷3波美度石硫合剂。低龄若虫爬行上树时，可选择95%矿物油乳油200倍液、22.4%螺虫乙酯悬浮剂4 000倍液

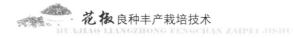

喷雾。若虫危害期可选择药剂 1.8％阿维菌素乳油进行树冠喷雾，间隔期 15d，2～3 次。

雌成虫 5 月中旬起下树产卵时，在树干基部缠绑双面胶带，黏杀成虫。

九、花椒采收与干制

（一）采收时期

花椒果实的成熟期因品种、立地和气候条件而异。不同的加工目的，要求不同成熟度的果实，因此采收期不尽一致。根据花椒各品种成熟的早晚，可分为早熟品种如小红袍等，一般8月初便可采摘；中熟品种如大红袍等，一般8月下旬成熟；晚熟品种（秋椒）如青皮椒等，一般9月上、中旬采摘。按照加工利用不同目的，分为鲜食椒果和成熟后以食用椒皮为主的红椒果的采收。

1. 鲜食花椒的采收

花椒果实迅速膨大期，即椒果种仁未硬壳之前的5月中旬至6月上、中旬，为鲜食花椒果适宜采摘期。采摘时应掐下完整果穗。如果不能及时加工处理，应摊放在阴凉通风处，避免暴晒、淋雨。

2. 干制花椒的采收

用于干制椒皮的花椒采收时期，以椒树上花椒果实呈现完全成熟特征为标准，即当外果皮具有本品种特有的成熟色泽、果皮缝线突起、部分果实椒皮开裂、种皮黑色光亮时，为最佳采摘时期。此时采收的鲜椒出皮率高，芳香、麻辣味浓厚，品质极上。采摘过早，晒出的椒果色泽暗淡，品质差，出皮率降低，产量减少。采摘过晚，有些品种蓇葖果在树上就产生裂口，遭雨椒果颜色由红变黄变褐，易感染霉菌变为黑皮椒，严重影响产品价值。采摘花椒以晴天中午最佳，晴天采摘的椒果（当天晒干），干制后颜色最鲜、香气最浓、麻辣味最足。

山东农业大学研究表明，自花椒果实着色的 8 月初至少量椒皮开裂的 9 月上旬，随着采收日期的延迟，'少刺大红袍'品种的椒皮千粒重和出皮率逐渐提高，不同采收日期之间差异显著（表 9-1）。

表 9-1　不同成熟度种子品质比较

采收期 （月—日）	种子千粒重 （g）	椒皮千粒重 （g）	出皮率 （%）
08—01	21.12±0.04e	15.02±0.34e	41.56±0.59d
08—10	22.23±0.13d	17.09±0.51d	43.47±0.78c
08—20	23.00±0.31c	21.77±0.46c	48.64±0.41b
08—30	26.26±0.10b	27.25±1.41b	50.91±1.21a
9—10	26.55±0.09a	28.58±0.72a	51.83±0.67a

然而，在生产中，由于各产区花椒栽培规模大、品种成熟期单一，采收时间不可能延迟至完全成熟时，往往花椒开始着色时即开始采收，至完全成熟时可以采收完毕。由此可见，在今后的花椒生产中，应做好品种合理布局，适当匹配早熟、中熟和晚熟品种，以便延长采收期，提高花椒在采收环节的产量和品质。

（二）采收方法

红椒的采摘方法分为剪枝法和掐穗法。

1. 剪枝法

用剪刀直接将结果枝全部剪下，对于细弱且坐果能力很差枝组，也可一并剪下。收集剪落的花椒枝叶集中摊晾，晒干后用竹竿轻轻敲打，将叶片、椒皮和椒籽从小枝上震落，采用筛选和风选法分离叶片、椒皮、椒籽、小枝。

采用剪枝法采收花椒，通常能保持树势强健，形成的枝组和母枝粗壮，坐果能力强，果穗大而紧凑。但容易引起树冠徒长旺长，表现为大量抽生强旺枝，当年很难形成花芽。为此，在采用剪枝法采收时，应配合夏季摘心，促进形成中小型枝组和分化形成花芽。

2. 掐穗法

用手指、剪刀或者专用电动采摘工具，将果穗整个掐下。掐穗采摘法具体操作中，要防止紧握和手捏椒穗、挤压椒果，以免椒皮表面油泡破碎，导致香气散失、椒皮色泽变暗。具体操作方法是：一手提竹篮，另一手的手心轻握椒穗，用食指和拇指将椒穗掐下，放入竹篮中。

由于花椒具有母枝连续结果能力，因此，长期采用掐穗采摘方法，必然导致枝组上的母枝越来越细弱，坐果能力下降，果穗稀疏，果粒少，采摘工效低下，影响椒园经营的经济效益。

生产中，为了避免上述情况发生，可以采用剪枝法和掐穗法轮流采收，即在掐穗采收的下一年采用剪枝采收。也可以同时采用良种方法采收，对强旺枝组采用掐穗法采收，对细弱枝组（母枝）采用剪枝法采收。

（三）花椒晾晒

干制椒皮分为晾晒法和烘干法。天气晴朗一般采取晾晒法，阴雨天气应采用烘干法，防止椒皮色泽变淡或霉烂。在较大规模的花椒产区或者较大的花椒种质企业（合作社），应配套完善的烘干设施，以备采收期遇到持续阴雨天气能及时获得优质干制椒皮。

1. 自然晾晒法

将当天采收的鲜花椒摊放在干燥、通风的阴凉处过夜，散失部分水分后，第二天上午 10：00 前后，待地面温度升高、空气变得干燥后，将过夜花椒摊开晾晒，期间用竹棍轻轻翻动 4~5 次，争取 1d 晒干。

自然晾晒花椒时应注意如下问题：

（1）晾晒花椒应摊放在竹席或篷布上，不可摊放在水泥地面、泥土地面或塑料薄膜上，以免石板或薄膜温度太高，花椒易遭高温烫伤，失去鲜红光泽。

（2）摊晒要均匀，厚度以 3～4cm 为宜，争取 1d 内晒干。

（3）切记不要用手翻动，以免汗渍影响色泽。

（4）若当天不能完全晒干，则要收起后摊放在避雨处，第二天继续晾晒。

（5）如晾晒过程中遇雨，可移至室内竹席上继续摊晾，或改用烘干。

2. 烘干法

烘干法包括简单炕烘法、机械烘干法、烘房烘干法、简易空气能烘干法和大型智能烘干法。

①炕烘法：利用农家土火炕烘干花椒。首先将土炕烧火加热至50～60℃，将鲜花椒摊放在土炕上，厚度 3～4cm，每隔 1～2h 翻动一次，1～2d 即能烘干椒皮。此法投资简单，但烘干能力不足，只能用于椒农小规模生产。

②简易烘房法：建造或利用闲置房舍改造成花椒烤房，烤房面积根据实际需要确定，一般 10～40m²，房顶装吊扇一个，墙壁装换气扇一个，烤房内装带烟囱铁炉 2～3 个、安装铁架或木架，架上摆放宽木质或竹编托盘。当烤房内温度达 30℃时放入鲜椒，保持烤房内温度 30～40℃ 2～3h，40～50℃ 3～5h，待 85％的椒口开裂后，将椒果从烤房内取出，并用木棍轻轻敲打椒果，使果皮与种子分离后，去除种子，将果皮再次放入烤房内烘烤 1～3h，温度控制在 50℃。

③机械烘干法：根据温度控制精度和自动化程度，可进一步分为简易机械烘干设备和智能烘干设备。

采用人工制作的简易烘箱和人工加热控制温度的方法，将烘箱内温度升至 30℃时放入鲜椒，保持 40～50℃的温度 1～2h，然后将花椒取出散失热量和水分 0.5h，再度放入 40～50℃烘箱内加热 1～2h，待 85％的椒口开裂后，取出并用木棍轻轻敲打，使椒皮与种子分离后，去除种子，将果皮再次放烘干机内烘烤 40～50℃温度下烘干 1～2h，即获得干制椒皮。此法一次可烘干 50～200kg 鲜椒，烘干设备制造简单，但温度控制不精准，烘箱内温度不均匀，烘制的椒皮颜色暗淡。

采用专门的智能烘干设备，能精准控制烘干温度，烘干椒皮质量好，烘干效率高。但设备投资较高，适宜花椒产区大型花椒经营企业采用。

④空气能设备烘干法：其作用原理是将电能转化为循环利用的热能，并带走水分，烘干花椒。具体操作流程是：将鲜椒投入烘干斗内或烘房内，启动加热升温，并控制温度 50℃持续 7h。在此过程中，要保持温度恒定，温度过低则延长烘干时间，温度过高会使花椒油胞破裂，甚至出油，降低花椒品质。当部分花椒出现裂口后，升温至 65℃左右持续 2～4h，直至完全烘干，取出分离椒皮椒籽。

采用这种方法烘干时，小型设备每次可烘干鲜椒 150kg，大型设备每次可烘干 1 000kg。在烘干过程中，一般花椒烘干都会爆籽，极少有不爆籽的，这个其实与烘干工艺有关，如果控制较低温度，去湿慢，爆籽的比例就会降低，时间会相应增加，如果控制较高温度，去湿也较快，爆籽会变多，时间也相对缩短，所以需要根据自身的需求和工程师进行充分交流沟通，方便进行方案、工艺的设计。

参 考 文 献

毕君，王春荣，赵京献，等，2003. 北方花椒主产区种质资源考察报告 [J].
　　河北林果研究，18（2）：165-168.

林鸿荣，1985. 椒史初探 [J]. 中国农史（2）：63-67.

蒲淑芬，原双进，马建兴，2002. 花椒丰产栽培技术 [M]. 西安：陕西科技
　　出版社.

孙小文，段志兴，1996. 花椒属药用植物研究进展 [J]. 药学学报，31（3）：
　　231-235.

魏安智，杨途熙，周雷，2012. 花椒安全生产技术指南 [M]. 北京：中国农
　　业出版社.

夏波扬，1983. 花椒挥发油口腔粘膜麻醉拔牙100例 [J]. 中国医院药学杂志
　　（9）：22.

杨途熙，魏安智，2018. 花椒优质丰产配套技术 [M]. 北京：中国农业出版
　　社.

阴健，郭力弓，1997. 中药现代研究与临床研究（Ⅲ）[M]. 北京：学苑出版
　　社.

张和义，2017. 花椒优质丰产栽培 [M]. 北京：中国科学技术出版社.

张明发，沈雅琴，朱自平，等，1991. 花椒温中止痛药理研究 [J]. 中国中药
　　杂志，16（8）：493-497.

张明发，沈雅琴，1994. 花椒温经止痛和温中止泻药理研究 [J]. 中药材，17
　　（2）：37-40.

张明发，1995. 花椒的温里药理作用 [J]. 西北药学杂志，10（2）：89-91.

赵晨，李蓉，邹国林，2008. 桂丁，花椒挥发油抗氧化活性及其方法研究
　　[J]. 武汉大学学报（理学版），54（4）：447-450.

朱健，冯敏杰，1993. 花椒 [M]. 西安：陕西科技出版社.

朱健，赵玲爱，朱鸣，等，2001. 花椒丰产栽培技术 [M]. 北京：中国农业
　　出版社.

袁小钧，刘阳，姜元华，等，2018. 花椒叶化学成分、生物活性及其资源开发研究进展 [J]. 中国调味品，43（7）：182 - 187，192.

钟炼军，张登辉，孟祥东，等，2017. 亚临界流体提取高麻味素含量的花椒精油的研究 [J]. 现代食品科技，33（10）：186 - 191.

Navarrete A，Hong E，2007. Anthelmintic properties of α - sanshoo from *Zanthoxylum liebmannianum* [J]. Planta Medica，62（3）：250 - 251.

附　　录

附录1　椒园年周期作业历

月份	椒园作业内容
1月	开展冬季清园，减少越冬病虫基数，预防和减轻病虫危害。方法是清除椒园的杂草、落叶、枯枝，将落叶烧毁或深埋；树冠喷洒3～5波美度石硫合剂，铲除枝条上越冬虫卵，用生石灰2.5kg、硫黄0.25kg、食盐1kg、机油0.05kg，加水10kg制成白涂剂涂抹树干。
2月	做好肥料准备，对树势较差的椒园也可提前追肥。还可刮除流胶病病斑，涂抹防护油膏，预防该病继续危害。
3月	适时追肥。根据花椒树的长势，树体大小和肥料的种类决定施肥量（以不含氯的复合肥配合有机肥为好），在降雨后沿树冠投影处挖3～5个坑，施入肥料（按盛果期树每株施尿素0.7kg、磷肥1kg）。上旬喷洒生石灰1kg制成的防冻剂（要进行过滤）。下旬树冠喷洒功夫乳油3 000倍液消灭花椒跳甲，剪除带有病虫枝并烧毁；或用1：5倍氧化乐果溶液涂抹树干，每株10mL或以乐果原液注入，每株5～10mL。
4月	培土、防除杂草。距树干1.0～1.5m处垒一圆形土埝成树盘，在杂草幼苗期进行，可分别采用人工除草或化学除草剂草甘膦等喷雾除灭。中旬叶面喷洒0.3%～0.5%尿素与磷酸二氢钾混合水溶液（即每50kg水加两种肥料各100g）。上旬树冠喷洒1.8%阿维菌素2 000倍液。并注意防治红蜘蛛、蚜虫等，对树势弱的椒园注意稳花保果，若椒树冬季持续干旱可进行灌水。及时抹除树干1m以下及枝条背上萌发枝。及时清除并烧毁枯死、濒死椒树。用机油和菊酯类药剂按照15：1的比例混合，在树干20cm处涂刷20cm宽的隔离环毒杀。下旬检查剪除枯萎的花序及复叶并及时烧毁或深埋以消灭花椒跳甲。
5月	搞好花椒园开沟排湿，追施壮果肥，并促腋芽生长，注意防治吉丁虫危害。清除杂草，并将杂草覆盖在地面树盘内。采取"别、坠、拉"等方法开张主枝角度至50°。及时抹除多余的萌生枝。上旬于早晨或下午树冠喷洒10%吡虫啉可湿性粉剂3 000～4 000倍液防治花椒蚜虫，并剪除萎蔫的花序及复叶并烧毁。下旬树冠喷洒10%氯氰菊酯乳油1 500倍液喷雾防治吉丁虫成虫。下旬，蝉害严重的椒园，喷绿色威雷防治雅氏山蝉成虫或在枝条上绑5～10个塑料条，长度以随风摇动不缠为宜，惊扰蝉。

（续）

月份	椒园作业内容
6月	搞好椒园开沟排湿，防治黑胫病，注意防除杂草，采用人工除草或草甘膦等除草，同时做好采收花椒的准备工作。清除杂草，并将杂草覆盖在地面树盘内。开张主枝角度。对1年生嫩枝采取圈枝、扭梢、摘心等方法提高坐果率。上旬清除树冠下杂物烧毁。
7月	选晴天及时采收花椒并晒制干椒，采收后及时进行除草、修枝整形和病虫害防治，尤其注意搞好对流胶病等的防治。下旬树冠喷洒0.3%～0.5%磷酸二氢钾溶液。长期干旱应在早晨灌水。及时抹除多余的萌生枝。上旬树冠喷洒甲基托布津1 000倍液防治花椒落叶病。
8月	继续搞好采收后的田间管理，包括除草、修剪和对锈病、黑胫病、螨类等病虫害的防治以及施用追肥（以有机肥为主）等。在早晨灌水防旱。上中旬树冠喷洒0.3%～0.5%磷酸二氢钾溶液。及时抹除多余的萌生枝。上旬喷洒1：2：200倍波尔多液防治落叶病。中旬喷洒22.5%啶氧菌酯悬浮剂1 500倍液或80%代森锰锌可湿性粉剂600倍液防治花椒锈病。从地面发出5个以上的主枝应疏除。剪除背上枝及徒长枝。主枝过长造成结果部位外移时，应逐年回缩。剪除过密枝。
9月	树冠投影处挖3～5个坑，施入农家肥。按盛果期树施15kg，并混入少量磷肥。继续搞好上月未完成的收后管理工作，尤其注意防治锈病、螨类等。雨季降雨过多时在根颈处培小土堆。及时抹除多余的萌生枝。及时剪除枯枝，清除园内带病落叶，集中烧毁。
10月	根据椒树长势酌情补施追肥（以复合肥为主），注意防治锈病、螨类等，如有缺窝的椒园，要及时进行补栽（大苗）。1～2年生幼树，于地封冻前树干基部增50cm高土堆，翌年春季及时扒除。及时抹除多余的萌生枝。有条件椒园10月下旬土壤将要冻结时灌足水，提高椒树抗寒力。
11月	搞好椒园的冬前管理，主要是除草、打尖。
12月	开挖背沟和多打蓄水池（一般1亩地可建10m³的蓄水池1个，用于干旱时浇园保树）。开挖背沟和打蓄水池的土石方挑于椒园中，使土层逐年加厚。或在花椒园中的空闲地方进行爆破作业，加深土层，坡地注意在树的上方进行。继续做好上月未尽工作，并可进行冬季清园。

附录2 石硫合剂熬制方法

石硫合剂是用1份新鲜生石灰、2份细硫黄粉加10份水熬制而成的。熬制方法如下：

1. 熬制的时候先将水倒入大锅烧热80℃，取出1/3倒入桶中溶解石灰，不需要搅拌，让其自行化开备用。

2. 取少量热水将少量细硫黄粉搅拌成糊状，倒入锅中，继续加热，使用铲子搅拌不能使硫黄粉成团。

3. 水沸腾的时候（锅边起泡，硫黄层出现开花），可以把石灰液倒入锅中，倒入时将火减小，其余时间都要一直保持大火力，一边熬制一边不停搅拌，始终保持锅中的药液沸腾。

4. 等待药液由黄色变深成红褐色（俗称香油色），药渣成黄绿色，就可以停火起锅，等待药液冷却过滤，去除药液中的杂质即称为石硫合剂。

石硫合剂的配制注意事项：

（1）生石灰的质量要好，选用色白、小块、优质的石灰，含杂质过多或者风化的石灰不适宜使用，一般要求含氧化钙85%以上，铁、镁等杂质要少。

（2）硫黄粉要细，越细越好，400目以上，在调制硫黄糊状的时候，如果有结团的现象，先用手捏碎，再加少量热水用力搅拌均匀，块状或者粒状的硫黄不适合使用。需要注意的还有一点：现在硫黄粉受管制，采办有时需要带营业执照和法人身份证去办手续。

（3）铁锅要大，便于搅拌，不能使用铝制用品熬制，以免和硫黄发生化学反应，造成器具损坏。

（4）熬制期间火力要强、均匀，使得药液一直保持沸腾状态，但不能外溢，如有外溢可以加点食盐，食盐有增高沸点、减少泡沫的作用。

（5）熬制时间不宜过长或者过短，一般石灰加入后，熬煮30～40min即可。

（6）原液和稀释液与空气接触后都容易分解，所以储存原液时要在液体表面加一层油（机油、柴油、煤油都可），用加盖的塑料桶盛放更好，可使药液与空气隔离，防止氧化，延长储存时间。稀释液不易储藏，宜随用随配。

图书在版编目（CIP）数据

花椒良种丰产栽培技术／王华田，张春梅编著. —
北京：中国农业出版社，2020.8
ISBN 978-7-109-27127-2

Ⅰ.①花…　Ⅱ.①王…②张…　Ⅲ.①花椒－栽培技
术　Ⅳ.①S573

中国版本图书馆 CIP 数据核字（2020）第 136353 号

中国农业出版社出版

地址：北京市朝阳区麦子店街 18 号楼
邮编：100125
责任编辑：郑　君
版式设计：王　晨　责任校对：赵　硕
印刷：中农印务有限公司
版次：2020 年 8 月第 1 版
印次：2020 年 8 月北京第 1 次印刷
发行：新华书店北京发行所
开本：880mm×1230mm　1/32
印张：4.75
字数：150 千字
定价：29.00 元
